产品结构设计
方法与案例

陈育苗　主编

ZHEJIANG UNIVERSITY PRESS
浙江大学出版社
·杭州·

图书在版编目(CIP)数据

产品结构设计方法与案例 / 陈育苗主编.—杭州:
浙江大学出版社,2023.11
ISBN 978-7-308-23593-8

Ⅰ.①产… Ⅱ.①陈… Ⅲ.①产品结构—结构设计—
案例 Ⅳ.①TB472

中国国家版本馆 CIP 数据核字(2023)第 051468 号

产品结构设计方法与案例

CHANPIN JIEGOU SHEJI FANGFAYUANLI

陈育苗　主编

责任编辑	吴昌雷
责任校对	王　波
封面设计	苏　焕　周　灵
出版发行	浙江大学出版社
	(杭州市天目山路 148 号　邮政编码 310007)
	(网址:http://www.zjupress.com)
排　　版	杭州晨特广告设计有限公司
印　　刷	杭州高腾印务有限公司
开　　本	710mm×1000mm　1/16
印　　张	10.25
字　　数	168 千
版 印 次	2023 年 11 月第 1 版　2023 年 11 月第 1 次印刷
书　　号	ISBN 978-7-308-23593-8
定　　价	32.00 元

前　言

党的二十大报告提出，坚持创新在我国现代化建设全局中的核心地位，加快实现高水平科技自立自强，加快建设科技强国。并对完善科技创新体系、加快实施创新驱动发展战略等进行专门部署。创新设计是科技成果转化为现实生产力的关键环节。优秀的产品结构设计是实现产品创新的重要途径，对于推动制造业转型升级、实现产业高质量发展具有重要作用。

工业设计在国内经过二十几年的快速发展，逐渐从单纯依赖主观感受的艺术型学科转向了主客观信息联合驱动的科艺融合型交叉学科。产品结构设计是推动产品从概念到落地的关键一环，是工业设计的重要组成部分，巧妙的结构设计，不仅能实现产品功能，让产品更为独特，还能控制生产成本，并进一步优化制造流程，从而提升产品的市场竞争力。在结构设计的学习过程中，本书注重先临摹后创新的教学和训练模式，让学生在确定设计对象后，对现有产品进行详细拆解和工程图绘制，对相关产品的内部结构组件有更深入和细致的了解后，再开展创新设计。

"产品结构设计"是工业设计专业必修的专业核心课程，所培养的人才是对工业产品外观造型设计有一定了解，并且比较精通产品内部结构设计，能将产品外观造型转化为实际产品的具有创新意识的高技能人才。

本书共分为5章：第1章为绪论，介绍产品结构设计的基本概念、工作内容与方法等；第2章为外壳结构设计，主要介绍铸造外壳、焊接外壳、注塑外壳、钣金件的特点及结构设计；第3章为连接结构设计；第4章为运动机构设计，主要介绍运动机构设计的基础知识以及 6 种运动结构;第 5 章为计算机辅助结构设计,主要介绍使用 SolidWorks 进行产品建模实例。

非常感谢浙江大学出版社的吴昌雷编辑邀请我来撰写这本书,还要感谢参与本书撰写的华东理工大学的王会东同学、肖娅娴同学和李娜同学。这三位同学都是我指导的硕士研究生,可以说本书是我们共同努力取得的成果。

由于作者水平有限,书中难免有不足和疏漏之处,敬请广大读者批评指正。

编者

2023 年 11 月

目　录

CONTENTS

第 1 章

CHAPTER 1

绪 论

1.1　产品结构设计的基本概念

1.1.1　工业设计师学习产品结构设计的重要性

工业设计师要具有丰富的想象力,把"流行元素"用于产品的造型设计之中,将造型和功能统一,最终完成产品设计的任务。那么,如何让自己的优秀创意从需求出发,实现功能,最终落地,获得量产,这中间就要经过严谨的结构设计。如果设计师缺乏结构设计的理论,就无法设计出如图 1-1 那样集功能与美观于一身的真空按压式牙膏产品。

图 1-1　传统牙膏(左)与真空按压式牙膏(右)

产品结构设计有助于工业设计师熟悉和理解产品的工程内容,在掌握产品功能特征的前提下,顺利完成产品的形象外观设计;帮助他们和产品工程设计师沟通,做出改进产品功能设计的可能;甚至还能让优秀的工业设计师直接完成从产品功能到产品形象的全部设计任务,承担主设计师的角色。当然,这主要是面向一些玩具、文具、家具等机械传动并不复杂的产品,只要设计师掌握了简单的机械设计方法就可以完成整体设计。图 1-2 所示就是产品设计专业的学生在掌握了结构设计的知识后完成的课程设计作品。

图 1-2 活动挖掘机玩具设计/华东理工大学/陈曦璎/2016

1.1.2 产品结构设计的基本概念

1.产品结构的定义

什么是结构?于单一零件而言,结构是零件的材料和形状,其中材料包含了零件的内在结构,形状则体现了零件的外在特征;对于两个和两个以上零件来说,还要包括它们之间的连接方式;对整体而言,还要考虑零部件的布局。所以简单地说:材料、形状、连接布局就是结构。所谓连接是指零件之间的装配方法,其中包括螺纹连接、卡扣连接、铆接、齿轮连接、传动轴连接、粘接、缠绕、包覆等。

2. 产品结构设计的范畴

刘振在《产品结构设计及应用实例》一书中指出："根据外观模型进行零件的拆分,确定各个部件的固定方法,设计产品使用和运动功能的实现方式,确定产品各部分的使用材料和表面处理工艺等",就是产品结构设计的工作内容。一线的资深产品结构设计师黎恢来将产品结构设计归纳为七个实际问题,并定义产品结构设计的范畴为:①产品的作用;②产品如何发挥作用;③产品用什么材料制作;④产品如何生产出来;⑤产品的价格;⑥产品在使用过程中是否安全;⑦产品是否方便实用。我们可以举几个例子来说明一下上述七个问题。比如很多的产品其实都是由小零件组装而成,这些小零件又是如何连接及固定的呢? 这是结构设计要考虑的。玩具是小朋友喜欢的东西,如果玩具表面有很锋利的棱边就会使小孩的手指受伤,这也是结构设计要考虑的。有些产品有防水要求,有些没有,产品能否防水要看产品的定位及使用场所,防水与不防水,产品内部的结构是有区别的。比如 2020 年因新冠疫情,口罩成了急需物资。防尘口罩主要用于阻尘,使用场景中鲜少接触液体,因此不设置防水层。但医用口罩为了防止飞沫传播是需要设置防水层的,普通民众在购买口罩的时候尤其需要注意这一点。现在手机是大家必不可少的通信工具,属于日常消费电子类产品,不小心跌落是不可避免的,如何防止手机因跌落而损坏,也是在结构设计时要考虑的问题。

廖元吉在《产品结构设计——解构活动型产品》一书中指出:"产品结构设计是针对产品内部结构、机械部分的设计;一个好产品首先要实用,因此,产品设计首先是功能,其次才是外观形态。产品实现其各项功能完全取决于一个优秀的结构设计。结构设计是机械设计的基本内容之一,也是整个产品设计过程中最复杂的一个工作环节,在产品形成过程中,起着至关重要的作用。"总之,结构设计的基本要求是用简洁的形状、合适的材料、精巧的连接、合理的元素布局实现产品的功能。

3. 产品结构设计的分类

从行业角度来看,产品结构设计可分为电子产品结构设计、机械产品结构设计、医疗产品结构设计、玩具产品结构设计和灯具产品结构设计等,而同一行业根据不同的产品又可分出很多子项。从制作工艺的角度对产品结构设计进行分类,大致可分为塑料材料模具开发、金属材料模具开发、基本结构件设计、表面工艺处理、静电与电磁波干扰防护等。从运动方式的角度,产品结构设计又可分为静态产品结构和动态产品结构。其中静态产品结构包括壳体与箱体结构设计、连接与固定结构设计、密封结构设计、安全结构设计等;运动产品结构设计大致可分为连续运动结构(包括旋转运动、直线运动、曲线运动结构),往复、间歇运动结构(包括往复运动结构、间歇运动结构)。

1.2 结构设计的工作内容与方法

1.2.1 新产品开发流程

结构设计主要与新产品开发息息相关。表 1-1 所示为工业产品生产企业内部通用的新产品开发流程,主要包括 14 个步骤,10 个阶段,涉及市场部、研发部、品质部和生产部。其中工业设计师和结构设计师共同隶属于研发部。结构设计需要与各个部门的同事协同工作,才能最终实现新产品的顺利落地量产。

表 1-1 新产品开发流程

市场部	研发部	品质部	生产部
1.市场部签发新产品开发指令单			
	2. 指令单确认与前期评审 3. 新产品开发计划及进度管理 4. 产品结构设计 5. 结构手板及检讨 6. 模具制作及跟进 7. 第一次试模及检讨 8. 样板制作及检讨		
	9.新产品发布会	10.试产前质量规划	
			11.试产
		12.试产检讨	
	13.产品开发成功		14.量产

1. 市场部签发新产品开发指令单

这一环节属于项目确认阶段,大部分公司设有市场部门或者业务部门,专门负责与客户沟通交流及市场调查。市场部根据客户的要求签发新产品开发指令单,并提供新产品项目的相关物件给研发部门。相关物件包括客户提供的用于参考的产品样件、客户提供的外观图或者构思草图等。

2. 指令单确认与前期评审

研发部门在收到市场部门的开发指令后要进行前期评审。前期评审非常重要,可以预防开发过程中出现的很多问题,也决定了新产品能否顺利开发、在规定时间内是否能完成等。

3. 新产品开发计划及进度管理

新产品评审决定执行开发,下一步就是要制订一个开发计划。开发计划与进度管理的目的就是让新产品开发在规定时间内完成。

4. 产品结构设计

产品结构设计主要包括外观建模及评审、外观手板制作、产品内部结构设计及评审等内容,是产品设计中的重要阶段。

一般来说,在做外观建模之前是产品外观图的制作及确认,产品结构工程师根据设计要求来完成三维外形的制作,然后根据三维外形来制作外观手板,外观手板的主要作用就是用来确认产品外观的可行性。

产品结构设计还包括前壳结构设计、底壳结构设计、装饰件结构设计、按键结构设计及其他零件的结构设计等。

5. 结构手板及检讨

结构手板就是在没有开模的前提下,根据产品的结构图纸做出一个或者几个产品出来,手板的主要作用有以下几个。

(1)检验结构的可行性;

(2)让客户提前体验产品;

(3)用作功能测试;

(4)减少直接开模的风险。

6. 模具制作及跟进

结构完成后下一步就是模具制作。作为结构工程师,还需要对整个模具制作过程进行跟进,及时与模具制造方沟通,督促模具厂按时按质完成。

7.第一次试模及检讨

第一次试模是模具制作完成后,第一次试生产胶件,是检验模具制作是否满足要求的必经环节,俗称 T1。

8.样板制作及检讨

样板与手板不同,样板是模具完成之后制作的,是客户试产前的样件确认。

9.新产品发布会

试产之前,研发部门要召集各部门相关人员召开新产品内部发布会,给各部门人员讲解产品的构成及功能,以及生产的装配顺序、对品质的要求等。

10.新产品开发的后续工作

新产品开发的后续工作包括生产签样、品质签样、生产跟进、生产技术支持等。

1.2.2 结构设计的工作内容

结构设计要贯穿于新产品开发的各个阶段,才能保证产品的设计合理性,在规划阶段、设计阶段、验证阶段和技术转移四个阶段都需要完成相应的工作。图 1-3 展示了产品结构设计师在四个不同阶段的工作内容。

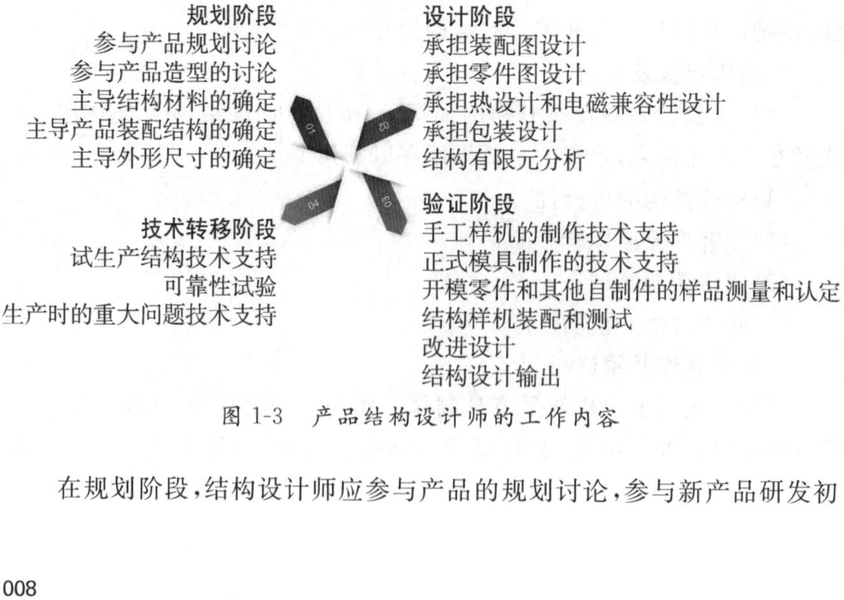

规划阶段
参与产品规划讨论
参与产品造型的讨论
主导结构材料的确定
主导产品装配结构的确定
主导外形尺寸的确定

设计阶段
承担装配图设计
承担零件图设计
承担热设计和电磁兼容性设计
承担包装设计
结构有限元分析

技术转移阶段
试生产结构技术支持
可靠性试验
生产时的重大问题技术支持

验证阶段
手工样机的制作技术支持
正式模具制作的技术支持
开模零件和其他自制件的样品测量和认定
结构样机装配和测试
改进设计
结构设计输出

图 1-3 产品结构设计师的工作内容

在规划阶段,结构设计师应参与产品的规划讨论,参与新产品研发初始的用户需求和市场定位的调研工作,包括新的设计技术、材料技术和工艺技术。结构设计师还应参与产品造型的讨论。产品造型设计与结构设计是前后道工序的关系,造型设计也是结构设计的工作输入之一。在造型规划的阶段,几乎对每一个造型细节结构设计都要关注。只有在规划阶段确定产品的外壳材料才能指导后续的结构设计和制造工艺。在产品规划阶段,要确定产品的装配结构。以手机为例,首先确定类型是直板机还是翻盖机,其次要确定与产品造型和结构相关的接插件、电池、显示屏规格,做好整机的大致结构布局。产品的外形由造型设计师确认,但产品的尺寸大小要由结构设计师来确认。

在设计阶段,结构设计师要承担装配图设计工作,表达整机或部件的工作原理和装配布局关系。之后要承担零件图设计的工作,依据装配图拆分所有自制件的结构件零件图是结构设计实现和细化的主要工作。在完成初步的装配结构和零件设计后,可以利用有限元分析软件做结构的薄弱环节仿真分析,例如手机的跌落仿真、冲击仿真等。对于手机的结构设计,还需要考虑电磁兼容性和热设计。

在验证阶段,在造型设计和装配图及零件图完成后,分别需要先做一次手工样机(造型样机和结构样机),常称为做手板。在模具制作过程中,结构设计师应向模具制作者充分地传递设计意图,对于每一个开模零件送来的样品,都要仔细测量尺寸,先看看是不是跟图纸相符,再看看是不是易于装配,再提出修改模具的要求。模具经过 1～2 次的试模,在结构问题已解决的条件下,可以先做 5～10 套样品。结构设计师要亲自动手做装配动作,自己装配对设计的可装配性更有体会。根据装配和测试的结果,会发现一些设计和制作的问题,此时再做装配图和零件图的修改。结构设计输出包括装配图、零件图和含所有结构件和外构件的材料明细表,以及外购件的技术要求。

在技术转移阶段,结构设计师要向工程技术部门的技术人员做技术转移工作,一般试生产 50～200 台,开展可靠性试验和环境适应试验,最后在生产时给予重大问题技术支持。

1.2.3　结构设计仿生法

结构设计可以说是使用功能和产品造型之间的沟通桥梁。自古以来,自然界中的万物就是人类各种创造性活动灵感激发的源泉,人类通过劳动利用智慧创造工具,以实现"上天入地"的梦想。船便是人类模仿鱼类的形体及运动的方式而创造发明的。1900年莱特兄弟通过观察老鹰在空中飞行的动作制造出了他们的第一架滑翔机,后来又对滑翔机进行反复改进,并用汽油发动机作为动力,终于在1903年制造出了世界上第一架飞机,翻开了人类征服蓝天的新篇章。生物学和工程技术学科结合在一起,互相渗透孕育出一门新生的科学——仿生学。1960年9月,美国空军航空局在俄亥俄州的空军基地召开了第一次仿生学会议,斯蒂尔将新兴的科学命名为"Bionics",希腊文的意思代表着研究生命系统功能的科学,由此标志着仿生学的诞生。

近年来,仿生学逐渐发展成为一个更为系统的设计过程,为开展高效和轻量级的结构优化设计奠定了基础。德国科学家 Christian Hamm 博士领衔研究了演进式轻量化结构工程(Evolutionary Light Structure Engineering,ELiSE),并提出了一种系统化的设计优化方法,采用轻质、多功能的天然结构,可省50%的重量,并缩短开发时间。在生物学专家和设计工程师的共同努力下,ELiSE 已经在汽车、航空、海洋和工业市场等多领域发挥作用。图 1-4 展示了 ELiSE 在汽车 B 柱设计中的应用过程。首先,需要分析项目的具体需求,确定适用范围、经费预算和项目时长等细节问题。第二步就进入筛选阶段,寻找自然界中与之匹配的生物模型。接着以初步的设计概念为出发点,开展进一步的优化设计,选取最优解。另外,ELiSE还可以应用于建筑物的轻量化设计(图 1-5)。

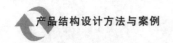

ELiSE 的研究将大自然中优秀的结构设计应用于产品。示例中以贝壳或浮游生物的甲壳作为原型,通过进一步的设计演化,生成了更为高效、多功能以及轻量化的新型汽车B柱仿生结构。

I　II　III　IV　V

嵌入优化聚合物的B柱仿生结构,重量减轻了34%

分析　筛选　概念　优化　产品

图 1-4　ELiSE 在汽车 B 柱设计中的应用

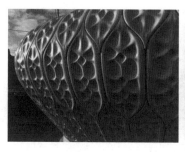

图 1-5 ELiSE 在轻量化、牢固且极富美感的建筑物中的应用

仿生学着眼于自然界中现有的优化方案,并将这些生物模型、系统和元素应用于工程问题。空中客车(Airbus,空客)公司设计的 2050 年概念飞机的机身结构灵感就来源于鸟类的轻型骨架(图 1-6)。2015 年下半年,空客发布了一种新型仿生学结构客舱隔板(Bionic Partition),比现有设计轻 50%。这种结构是用一种被称为 scalmalloy 的新型超强、轻质合金材料直接用激光烧结成型技术 3D 打印而成的(图 1-7)。

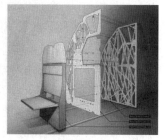

图 1-6 空客公司设计的 2050 年概念 飞机

图 1-7 新型仿生学结构客 舱隔板

我国的谢亿民院士团队对自然界中动植物的外表形状与内部构造一直很关注,并不断地投入大量的精力展开深入研究。除了觉得这非常有趣、能满足好奇心外,也希望在"玩"的过程中为结构设计理论与应用获取一些灵感和启发。近日,该团队在探索蝎子毒腔—尾针结构的生物力学机理时,意外地发现了该结构设计具有奇特的稳健性,并可应用于机械臂、软体机器人等结构的仿生设计。如图 1-8 所示。

地球上的物种大致可分为动物、植物及微生物这三大类,而人们肉眼

毒腔
尾针

图 1-8 蝎子与具有多节构造的机械臂

能清晰观察辨别其结构特征的往往是前两者,因此人类模仿自然物种进行人造物的灵感多数也起源于动物和植物。大家可以在未来的学习与设计过程中多多观察动植物,并由此获得启发并应用于产品的结构设计之中。从植物中获得启示的一个非常著名的例子是英国的水晶宫,其灵感来源于王莲。浮水植物王莲有"水中花王"之称,一个体重 35kg 的人坐在上面也不会下沉。王莲的圆形叶片的直径可达 1～2.5m,背面有许多相互交错的叶脉骨架结构,里面还有气室使得叶子稳定地浮在水面。受叶脉支撑作用的启示,英国著名建筑师约瑟夫·帕克斯顿,以钢铁和玻璃为建材,设计了一个顶棚跨度很大的展览大厅——"水晶宫",它既轻巧、雄伟又经济实用,不仅成就了 1851 年的第一届世博会,也为近现代功能主义构建了雏形。汽车设计经常从动物获得启发:奔驰的仿生概念车的设计灵感就来源于一种称为 box fish(硬鳞鱼)的热带鱼。这种鱼的身体像盒子一样,呈立方体的外观,却具有出色的流线特征,特别符合空气动力学的要求。设计人员根据它的外形制作了一个泥土模型,并在风洞内进行了测验,其风阻系数只有 0.06。另外,这种鱼的表皮由六角形骨片组成,能以最小的重量提供最大的保护,从而研究出了更加轻量化的车身结构。这种结构使车身刚性提高了 40%,重量却降低了约三分之一。

1.3 结构设计应遵循的原则

开展产品结构设计时应遵循下列设计原则。

1.实现预期功能的设计原则

产品结构设计的主要目的是:在保证安全的前提下,使产品达到要求的性能。设计产品结构时,应根据具体情况,确定参数尺寸和结构形状,以保证有关零件或部件之间的相对位置或运动轨迹等。各部分结构之间应具有合理、协调的连接关系，以实现产品预期的功能要求。

2.满足强度等力学要求的设计原则

为了产品能在使用期限内正常地实现功能,并保证其寿命,必须使其具有足够的强度。对于产品而言,大到轮船、飞机等庞大的设备,小到玩具、生活用品以及小家电产品等,都存在结构与力学的关系问题。在结构设计时,必须对其构件间的连接、配合、制约等做出受力分析,以确定合理的结构型式。因此,可以说力学是结构设计的重要因素之一。

3.考虑结构工艺性的设计原则

零件的结构工艺性是指在保证零件使用性能的前提下,制造该零件的可行性和经济性。所谓好的结构工艺性是指产品的结构易于加工制造。在结构设计中应力求使产品具有良好的加工工艺性。因此,设计者必须熟悉各种加工方法的特点,以便在设计结构时尽可能地扬长避短。在实际生产中,产品结构工艺性受到诸多因素的制约,如生产批量的大小、生产条件等。此外,造型、精度、成本等方面都影响产品结构的工艺性。因此,结构设计中应充分考虑上述因素对工艺性的影响。

4.考虑装配工艺的设计原则

(1)防止装配干涉。设计结构时应考虑装配工艺问题,防止装配干涉。

(2)便于拆卸。在结构设计中,应保证有足够的装配空间,如扳手运动空间。

(3)保证装配精度。为了保证装配精度,在同一个方向上两个零件只能有一个面接触,如图 1-9 所示。

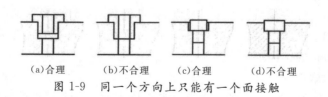

(a)合理　　(b)不合理　　(c)合理　　(d)不合理

图 1-9　同一个方向上只能有一个面接触

5.贯彻标准化、统一化的设计原则

产品结构设计标准化、统一化是重要原则之一。贯彻标准化、统一化原则应注意下列几个方面:

（1）结构中最大限度地采用标准件。

（2）确定产品结构的各种参数时,应最大限度地采用相应的标准值和优先数据系列的规定值。

（3）尽量统一结构中相近零件的材料牌号、标准件的品种、规格、型号尺寸系列。

总之,结构设计的过程是从内到外、从重要到次要、从局部到总体、从粗略到精细,权衡利弊,反复检查,逐步改进和完善的过程。

6.合理选用材料

应根据产品应用场所选择材料。日常消费类电子产品,材料应选用强度好、表面容易处理、不容易氧化生锈、不容易磨伤、易成型的材料,如塑胶材料应选用 PC、ABS、PC＋ABS 等,金属材料选用不锈钢、铝、锌合金等。用于食品行业的产品,材料应选用无毒无味、耐低温、耐高温,甚至无添加色的材料,如饮料瓶子选用 PET,食品包装袋选用 PP、PE 等,饮用水的杯子选用 PP、PC 等。还可根据产品的市场定位来选择（高档、中档、低档）。

7.选用合理的结构

产品结构设计不是越复杂越好,相反,在满足产品功能的前提下,结构越简单越好。越简单的结构在模具制作上就越容易。越简单的结构在生产装配上就越轻松,出现的问题也就越少。结构设计中常用的固定方式有螺丝固定、卡扣固定、双面胶固定、热熔固定、超声波焊接固定等。如何选择呢？ 螺丝固定最可靠且可拆性强,应优先选用；卡扣固定方便简单,但固定可靠性不高,可结合螺丝选用；双面胶固定、热熔固定等则应用于特定场所。

8.尽量简化模具结构

产品设计完成后需要模具成型,在进行产品设计时要保证产品能通过模具制造出来,产品结构设计得再可靠而模具实现不了或者很难实现就是不合格的结构。

9.成本控制

（1）选用材料时,在满足功能的前提下,尽量选用价格低的材料。

（2）产品外观建模时,在满足外观的前提下,尽量减少零件个数。

（3）尽量简化结构,以节省模具成本。

（4）选用合适的固定方式,以节省生产装配成本。

（5）在产品表面处理时，根据产品定位及外观要求，采用合适的表面处理方法，以节省加工费用。

（6）在供应商选择上，选择技术强、沟通配合好、价格最优的厂商。

（7）对新产品的开发进度进行有效的管控，尽可能缩短项目时间，节省时间也是节省成本。

（8）在产品结构设计时，如果公司有库存料件，应尽量选择共用。

1.4 课程作业

介绍 5 个以结构设计为创新点的产品，重点介绍一下你认为该产品的结构设计实现了什么功能，满足了用户什么需求，利用了什么原理。

第

2

章

外壳结构设计

2.1　概　述

外壳,是产品的重要结构零部件,也是产品的外观表现主体。因此,外壳设计成为工业设计师和结构设计师共同关注的重要内容。工业设计师的主要任务便是开展产品造型的艺术性创新。产品外壳按材料分类,主要可以分为铸造外壳、焊接外壳、塑料件外壳和钣金件外壳等。尽管各种产品的功能、用途及构成产品外壳的壳体构造、材料不尽相同,但产品外壳的主要功能与作用大致类似。以计算机主机箱为例(图 2-1),一般产品外壳的主要功能包括以下几点。

图 2-1　计算机主机箱

(1)容纳、包容：容纳产品的功能部件。

(2)定位、支承：支承、确定产品构成各零部件的位置和相互关系。

(3)防护、保护：防止构成产品的零部件受环境的影响、破坏或其对使用者与操作者造成危险与侵害。

(4)装饰、美化：工业造型设计主要关注的问题。

开展外壳设计，需要满足强度、刚度、稳定性及加工性等设计要求，通常会采用薄壁结构，并设置有容纳、固定其他零部件的结构和方便安装、拆卸等结构。加工性指的是铸造、注塑构件应考虑液体的流动性、填充性和脱模，冲压件应考虑材料延展性和拉伸能力，并做相应的计算。初学结构设计，同学们可能会对强度、刚度、稳定性概念不太理解，我们来着重进行解释。

构件在外力作用下丧失正常功能的现象称为失效，简称为破坏。我们把它分为强度失效、刚度失效和稳定性失效。

强度失效指的是构件产生断裂或塑性变形。强度是材料抵抗破坏的能力，几乎所有的产品设计时都需要考虑强度问题。家具造型要新颖，但强度问题需要重视。电脑桌要耐用、不散架也是强度问题。游乐设施直接关系着人身安全，强度问题更不可忽视。可折叠自行车，当然越轻越好，叠起来能轻松地随身携带，而强度正是轻巧的主要制约因素。20世纪20年代包豪斯的代表人物布劳耶设计的钢管椅不仅轻巧，而且牢固，能保证长期正常使用而不致折断破坏。如何做到这一点？——就是很好地解决了强度问题。

刚度失效指的是构件产生过大的弹性变形。刚度是材料抵抗变形的能力。例如，车床主轴如果发生变形的话，就不能保证加工精度。打印机的壳体及机架刚度直接影响运动部件的运动精度，进而影响打印质量和精度。

稳定性失效指的是构件的平衡方式突然发生变化。稳定性是构件保持原有平衡状态的能力。一般构件在受压的时候会发生强度失效，但是对于细长杆来说，它受压的时候还远远没有达到强度失效，却已经产生了稳定性失效的问题。

保证构件在确定的外力作用下不失效，既要保证构件具有足够的承载能力，即具有足够的强度、刚度和稳定性，保证构件的承载能力，还应降低材料的消耗、减轻重量、减少资金。

2.2　铸造外壳的结构设计

铸造主要指金属材料的铸造,是将熔融金属浇注、压射或吸入铸型型腔,冷却凝固后获得一定形状和性能的零件或毛坯的金属成形工艺。铸造构件常用于对刚度、强度有较高要求及造型与内部结构比较复杂的产品。

2.2.1　铸造外壳的特点

铸造的主要特点是:①具有较高的刚度、强度。适合于对刚度、强度要求较高的产品外壳,如机床、汽车变速箱、齿轮减速器等。②形状和尺寸的适应性强,它可以是各种形状、各种尺寸的毛坯。可制作比较复杂和变化不规则的外形,且不会使生产难度和成本增加太大。如涡轮发动机叶轮(图 2-2)等;特别适宜具有复杂内腔的零件,如水龙头(图 2-3)等。③对材料的适应性强。铸造可适应大多数金属材料的成形,对不宜锻压和焊接的材料,具有独特的优点。④成本低。这是由于铸造原材料来源丰富,铸件的形状接近于零件,可减少切削加工量,从而降低铸造成本。⑤封闭性好。广泛用于气体、液体传输和密闭产品构件,如发动机缸体及自来水水表等。⑥其他。铸铁材料具有减振、抗振、耐磨、润滑性能。作为高速运动部件的壳体能起到一定的减振、降噪作用,如发动机、压缩机作为运动部件的支承。还能起到减少摩擦、磨损作用,如机床的导轨。

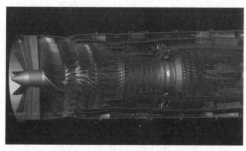
图 2-2　涡轮发动机叶轮

图 2-3　水龙头

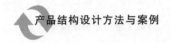

2.2.2 铸造外壳的常用材料

铸造外壳的常用材料主要包括铸铁、铸造碳钢、铝合金等。主要特点总结如表 2-1 所示。

表 2-1 铸造外壳的材料特性

材料名称	特点	示例
铸铁	铸铁流动性好,体收缩和线收缩小,容易获得形状复杂的铸件。铸铁的内摩擦大、阻尼作用强,故动态刚性好;铸铁内存在游离态石墨,故具有良好的减磨性和切削加工性,且价格便宜,易于大量生产。	
铸造碳钢	铸造碳钢熔点高、流动性差、收缩率大。吸振性低于铸铁,弹性模量较大。铸造碳钢的综合力学性能高于铸铁,不仅强度高,且具有优良的塑性和韧性。铸造碳钢主要用于一些形状复杂,用其他方法难以制造,且又要求有较高力学性能的零件,如高压阀门壳体、水压机缸体、轧钢机的机架等。	
铝合金	纯铝强度低、硬度小,因此,制造产品壳体常采用铝合金材料。铝与一些元素形成的铸铝合金密度小,而且大多数可以通过热处理强化,使其具有足够高的强度、较好的塑性、良好的低温韧性和耐热性、良好的机加工性能,非常适合制作产品外壳,如硬盘壳体等。	

2.2.3 铸造外壳的结构设计

接下来介绍如何开展铸造壳体的结构设计。从艺术造型角度出发,壳体结构,对于一般的生活用品,以及小家电、玩具、装饰件等产品以采用金属薄板拉伸成型及塑料注塑或吸塑成型为宜。对于机电产品,一般多采用铸造工艺。

在设计铸造壳体结构时,除考虑壳体设计的总体要求与准则外,还应重点结合铸造生产的工艺特点,考虑相关的工艺性。多数设计缺陷均出现在工艺性方面。

首先要容易铸造,减少凸台数量(图 2-4)。

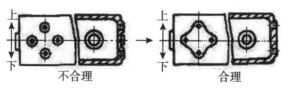

不合理　　　　　　　　　合理

图 2-4　减少凸台数量

此外还应考虑出模工艺,应在结构上设计出拔模斜度,如图 2-5 所示。为便于取模,尽量避免造成出模困难的死角和内凹。铸件拐角处应设计铸造圆角,如图 2-6 所示。

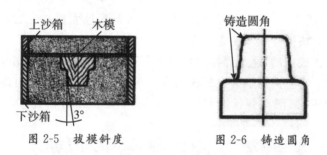

图 2-5　拔模斜度　　　　　　　　图 2-6　铸造圆角

铸造件在冷凝时会产生收缩,如各部分厚度不均,冷却速度不一致,后冷凝的部分易产生缩孔、缩松等缺陷。铸件厚度较大的局部,冷却速度慢,因此,在结构设计上,应尽可能使铸件各处厚度接近(图 2-7)。

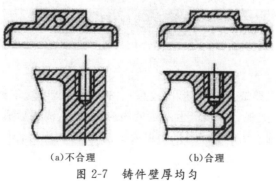

(a)不合理　　　　　　　(b)合理

图 2-7　铸件壁厚均匀

2.3 焊接外壳结构设计

焊接也是制造产品外壳的一种主要方法,广泛用于金属薄板外壳的生产。焊接壳体一般采用机加工或压力加工预制好的组件经焊接组装成型。壁厚较大的产品壳体,如箱体多采用机加工预制件。薄壁预制件常用压力加工方法成型。焊接方法主要用于金属钢板外壳,也适用于有色金属及其合金外壳。

2.3.1 焊接外壳的特点

与其他成型方法比较,焊接外壳具有以下特点:①适用范围较广。适于板材成型的各种尺寸、形状、厚度及生产批量的产品,如船体、汽车外壳、计算机主机箱及家用电器机壳等,如图2-8所示。②灵活性强。焊接方法多样,适于不同用途,可单独使用,也可与其他成型方法结合或作为其他成型方法的补充及最终组合成型。如汽车外壳、车门主要是采用压力加工方法成型的,通过焊接进行组装,而油箱等密闭容器利用焊接方法进行密封。③生产周期短。焊接需要的工装比较简单,焊接组件也常采用现成的板材、型材等预制件。④强度高。焊接组合的连接部位结合牢固。

图 2-8　焊接的汽车车架

焊接的主要缺点是:外形比较呆板,造型灵活性差,不易做出曲面形状,焊缝影响美观。焊接产生一定的内应力,会造成焊后成品变形,使尺寸和精度受到一定影响。可采用退火工艺,消除内应力,但工艺往往比较复杂。

2.3.2　焊接外壳的结构设计

在焊接外壳的设计过程中,首先要考虑焊接结构材料的选择。在满足使用性能的前提下,应选用焊接性好的材料来制造焊接结构外壳。一般来说,含碳量低的碳钢具有良好的焊接件,应优先选用。在必须采用焊接性较差的材料时,则须采取必要措施,以保证焊接质量。大批量生产形状复杂的薄壁焊接结构时,应尽量设计成冲压、焊接组合结构。

在选择焊接方法时,应根据材料的焊接工艺性、工件厚度、生产率等要求,对各种焊接方法的适用范围和设备条件等进行综合考虑。对于焊接性良好的低碳钢,可根据其板厚、生产率要求等确定具体的焊接方法,如厚度为 2～6mm,可采用手工电弧焊(图 2-9)。厚度大于 6～10mm,可采用埋弧自动焊(图 2-10)。对于不锈钢板可采用氩弧焊。对于厚度小于 1mm 的薄板,可采用钎焊。对于铝板应采用特殊的气体保护焊。

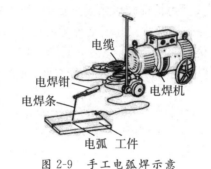

图 2-9　手工电弧焊示意

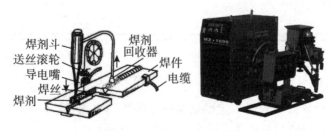

图 2-10　埋弧自动焊示意

焊接接头与坡口形状的选择应根据焊接结构形状、尺寸、材料、强度要求、焊接方法及加工的难易程度等因素综合决定。手工电弧焊接头的基本形式如图 2-11 所示。

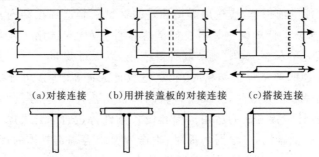

(a)对接连接　(b)用拼接盖板的对接连接　(c)搭接连接

(d)T 形连接(1)　(e)T 形连接(2)　(f)角部连接(1)　(g)角部连接(2)

图 2-11　手工电弧焊接头的基本形式

对接接头受力较均匀,焊接质量易于保证,应用最广,应优先选用。角接接头和 T 形接头受力情况较对接接头复杂,但接头呈直角或一定角度时必须采用这两种接头形式。它们受外力时的应力状况相仿,可根据实际情况选用。搭接接头受力时,焊缝处易产生应力集中和附加弯矩。一般应避免选用。但不需开坡口,焊前装配方便,对受力不大的平面连接也可选用。

除搭接接头外,其余接头在焊件较厚时均需开坡口。坡口的基本形状如图 2-12 所示。I 形坡口主要用于厚度较小的 1～3mm 钢板的焊接;V 形坡口主要用于厚度为 3～26mm 钢板的焊接;U 形坡口主要用于厚度为 20～60mm 钢板的焊接;X 形坡口主要用于厚度为 12～60mm 钢板的焊接,需双面施焊。

(a)I 形　　(b)V 形　　(c)U 形　　(d)X 形

图 2-12　坡口的基本形式

在进行焊缝布置时一定要遵循便于施焊的原则,焊缝必须具有足够的操作空间以满足焊接工艺需要,如图 2-13 所示。

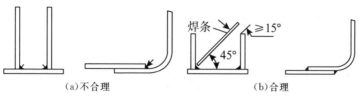

(a)不合理　　　　　　　　　　(b)合理

图 2-13　手工焊的焊缝位置

2.3.3　案　例

1.管材与板材的角接形式

如图 2-14 所示为管材与板材的角接焊缝形式。图 2-15 和图 2-16 所示为管板角接案例。

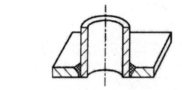

图 2-14　管板角接形式焊缝形式

图 2-15　管板角接案例 1　　　图 2-16　管板角接案例 2

2.管材与管材的对接形式

如图 2-17 所示为管管对接的案例。

图 2-17　管管对接案例

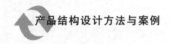

3.管材与板材的搭接形式

如图 2-18 所示为采用搭接工艺的不锈钢水槽。

图 2-18　搭接工艺的不锈钢水槽

2.4　注塑外壳结构设计

塑料壳体、塑料零件在现代工业产品中已得到广泛应用,如各种仪器、仪表、家电产品、电器工具、玩具及生活用品等。一般多采用注塑成型工艺制造,可选择的塑料材料种类很多,可根据具体产品要求确定。塑料是以树脂为主要成分,以增塑剂、填充剂、润滑剂、着色剂等添加剂为辅助成分,加工过程中在一定温度和压力的作用下能流动成型的高分子聚合物(高分子有机材料)。塑料按树脂的分子结构和热性能可分为热塑性塑料和热固性塑料。热塑性塑料指在特定温度范围内能反复加热软化和冷却硬化的塑料,其分子结构是线型或支链线型结构(变化过程可逆)。热固性塑料是在受热或其他条件下能固化成不熔不溶性物质的塑料,其分子结构最终为体型结构(变化过程不可逆)。还可以按塑料的用途分为通用塑料、工程塑料和特种塑料。通用塑料指产量大、用途广、成型性好、价廉的塑料。工程塑料指能承受一定的外力作用,并有良好的机械性能和尺寸稳定性,在高、低温下仍能保持其优良性能,可以作为工程结构件的塑料。特种塑料指具有特种功能(如耐热、自润滑等),应用于特殊要求的塑料。

2.4.1　注塑外壳的特点

与其他形式相比较,注塑外壳具有以下特点:①生产周期短,生产效率高,易于实现大批量、自动化生产。②可使用的材料较多,适应性强。

③产品质量较高,一致性好,互换性强,成本低。④几何造型能力强,可生产形状、结构复杂的产品。⑤功能性与装饰性结合好。

塑料材料具有很多优良的特性,相应地也反映在注塑外壳上。例如,通常塑料具有良好的绝缘性,制作电器产品、工具的外壳非常合适;很多塑料具有良好的透明性,透明产品外壳可观察到产品内部的状况;在塑料壳体表面可以使用喷、涂、镀等装饰工艺,制成不同材质,装饰效果好(见图 2-19)。

图 2-19　几种注塑产品外壳

注塑外壳也存在一些明显的缺点。主要有:注塑模具成本较高,不适于单件、小批量生产;强度、表面硬度较低,抗冲击、耐磨损性能差,局部细小结构在维修过程中易损坏;材料存在老化问题,耐久性差。

2.4.2　注塑外壳设计

注塑外壳的结构设计应综合考虑产品要求、外观造型、注塑材料、各种功能、生产加工条件及成本等因素。

在设计注塑外壳的有关几何参数时,如壁厚、加强筋、塑件上孔的孔径和孔深及孔距以及壳体的外形尺寸、选择的材料等都需考虑。可参考有关设计手册或类似的设计产品、设计经验确定。

注塑件也存在定型收缩的问题,因此,在设计注塑外壳时也要考虑脱模斜度。通常,注塑外壳内表面拔模斜度取 $15'$,外表面取 $30'$,孔的斜度与内表面相同,加强筋的斜度为 $2°\sim5°$。

壁厚设计尽可能均匀,过厚的部分容易在内部产生气孔、收缩变形等缺陷。在壳体转弯连接处,应避免使用锐角连接,而采用圆角过渡,否则,易造成应力集中。

在壳体结构上,尽量避免表面凹陷,否则,将加大模具的复杂性,降低效率,增加成本。

2.4.3 塑料产品的结构设计

良好的塑料产品既要美观大方、好用,又要便于成型。塑料产品的结构设计包括形状、壁厚、加强筋、支承面、脱模斜度、圆角、孔、标志与花纹等。

1.塑料产品的形状

塑料产品应尽量避免侧壁带有凹槽及与塑件脱模方向垂直的孔,这样可避免采用复杂的模具结构,避免使分型面上留下飞边。如图 2-20 所示,改进前的塑件需要采用侧抽芯或瓣合分型凹模(或凸模)结构,改进后的塑件简化了模具结构,可采用整体式凹模(或凸模)结构。对于较浅的内侧凹槽并带有圆角的塑料件,可利用塑料具有足够弹性的特性以强行脱模的方式脱模,而不必采用组合型芯的方法。多数情况下,带侧凹的塑料件不宜采用强行脱模,以免损坏塑料件。

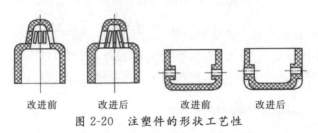

改进前　　　改进后　　　改进前　　　改进后

图 2-20　注塑件的形状工艺性

塑料产品的形状还要有利于提高塑件的强度和刚度。如把薄壳状的塑料产品顶部或底部都设计成球面或拱形曲面,因为拱形的承受力和抗弯曲能力大于平形的,可以有效地增加刚性和减少变形,如图 2-21 所示。

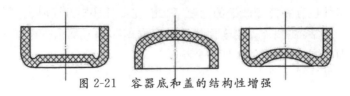

图 2-21　容器底和盖的结构性增强

对于薄壁容器的边缘可按图 2-22 所示设计来增加刚性和减少变形。

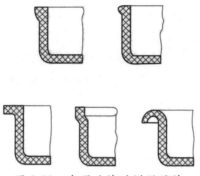

图 2-22　容器边缘的增强设计

紧固用的凸耳或台阶应有足够的强度和刚度,以承受紧固时的作用力。应避免台阶的突然过渡和尺寸过小,如图 2-23 所示。

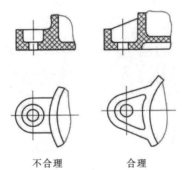

不合理　　　　　合理

图 2-23　塑件紧固用凸耳壁厚过渡均匀

此外,塑料产品的形状还应考虑成型时分型面位置,脱模后不易变形等。

综上所述,塑料产品的形状必须便于成型以简化模具结构,降低成本,提高生产率和保证塑料件的质量。

2.塑料产品的壁厚

塑料产品的外壳壁厚取决于塑料件的使用条件,即强度、刚度、结构、电性能、尺寸稳定性以及装配等各项要求。但壁厚的大小对塑料成型影响很大,所以合理地选择塑料件壁厚是很重要的。

任何塑料产品均需要有一定的壁厚。这是因为塑料在成型时要有良好的流动性,并保证产品有足够的强度和刚度,也便于从模具里顶出产品。部件的装配操作也需要制品有一定的壁厚。

壁厚过大,不仅浪费原料,增加塑料制品的成本,而且增加成型时间和冷却时间,降低生产率,还容易产生气泡、缩孔等缺陷;壁厚过小,成型时流动阻力大,对大型复杂塑料产品就难以充满型腔,而且不能保证塑料产品的强度和刚度。

热塑性塑料产品壁厚一般为 1～6mm,最常用的数值为 2～3mm。如果强度不够,应采用加强筋结构。大型塑料产品的壁厚也有达 6mm或更大的,这都要视塑料品种、塑料产品大小及成塑工艺条件而定。

塑料产品的壁厚应力求均匀,厚薄适当,以减少应力的产生。壁太厚,易形成"沉陷点"或产生翘曲。为此,常将厚的部分挖空,采用适当的修饰半径以缓慢过渡厚薄部分空间。壁厚设计对比如图 2-24 和图 2-25所示。

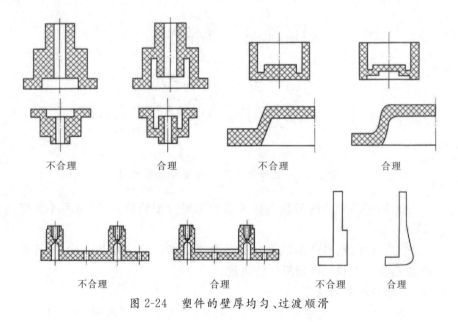

图 2-24 塑件的壁厚均匀、过渡顺滑

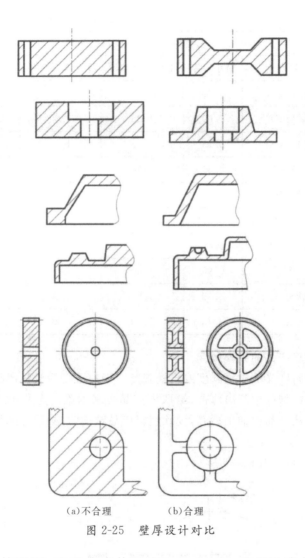

(a)不合理　　　　(b)合理

图 2-25　壁厚设计对比

　　一般情况下：①平均壳体厚度≥1.2mm。②周边壳体厚度≥1.4mm。③壁厚突变不能超过 1.6 倍。④筋条厚度与壁厚的比例不大于 0.75。⑤可接触的外观面不允许尖角,应做成圆角,半径 R≥0.3mm。

　　热固性塑料产品的厚度一般为 1~6mm,最大不得超过 13mm。在保证成型和使用的条件下,应力求采用均匀和最小的壁厚,以得到快速、完全的固化。塑料制品的最小壁厚及常见壁厚推荐值见表 2-2。

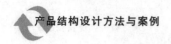

表 2-2　塑料制品的最小壁厚及常见壁厚推荐值

塑料制品的最小壁厚推荐值/mm				
塑料类型	最小壁厚	小型制品壁厚	中型制品壁厚	大型制品壁厚
尼龙(PA)	0.45	0.76	1.50	2.40~3.20
聚乙烯(PE)	0.60	1.25	1.60	2.40~3.20
聚苯乙烯(PS)	0.75	1.25	1.60	3.20~5.40
有机玻璃(PMMA)	0.80	1.50	2.20	4.00~6.50
聚丙烯(PP)	0.85	1.45	1.75	2.40~3.20
聚碳酸酯(PC)	0.95	1.80	2.30	3.00~4.50
聚甲醛(POM)	0.45	1.40	1.60	2.40~3.20
聚砜(PSU)	0.95	1.80	2.30	3.00~4.50
ABS	0.80	1.50	2.20	2.40~3.20
PC+ABS	0.75	1.50	2.20	2.40~3.20

3.塑料产品的脱模斜度

脱模斜度又称拔模斜度或出模斜度。塑料成型后塑料产品紧紧包住模具型芯或型腔中凸出部位,给取出产品带来困难。为便于从模具内取出产品或从产品内抽出型芯,设计塑料产品结构时,必须考虑足够的脱模斜度。

脱模斜度如图 2-26 所示。

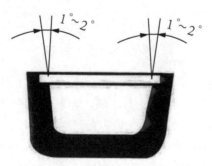

图 2-26　塑料件的脱模斜度

塑料产品的内表面、外表面沿脱模方向均应有脱模斜度,所取数值按经验确定,必须限制在制造公差范围内。一般脱模斜度为 1°～2°,最小为 0.5°。内表面的脱模斜度大于外表面的脱模斜度。塑料产品有凸起的加强筋,单边应有 4°～5°的脱模斜度。

型芯长度及型腔深度越大,斜度适当缩小,通常取 0.5°即可。厚壁产品会因壁厚使成型收缩增大,故斜度应放大。若斜度不妨碍制品的使用,则可将斜度取得大些。

热固性塑料较热塑性塑料收缩小些,脱模斜度也相应小些。复杂及不规则形状制品的斜度应大些。

不通孔深度小于 10mm,外形高度不大于 20mm 时,允许不设计斜度。有时根据产品预留的位置来确定脱模斜度。若为了在开模后让产品留在凸模上,则有意将凸模斜度减小,并将凹模斜度放大,反之亦然。总之,在满足塑料产品尺寸公差要求的前提下,脱模斜度可以取大些。脱模斜度的具体数据可查有关的设计手册。

4. 塑料产品的加强筋

加强筋的作用不仅可以提高塑料产品的强度和刚度,减少扭歪现象,而且可以使塑料成型时容易充满型腔。加强筋的结构类型分为两种,一种是长条网格加强筋,另一种是圆形网格加强筋,如图 2-27 所示。

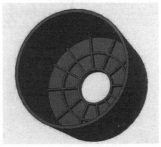

图 2-27　加强筋结构类型

设计加强筋时应注意以下问题:

(1)加强筋的厚度应小于被加强的产品壁厚,防止连接处产生凹陷,如图 2-28 所示。图(a)的加强筋底部厚度等于壁厚,高度较高,在交汇处产生缩印。图(b)中的加强筋底部厚度为壁厚的一半,高度较矮,不易产生缩印。

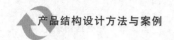

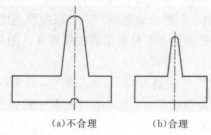

(a)不合理　　　　　(b)合理

图 2-28　加强筋的尺寸、厚度、高度与凹陷的关系

(2)加强筋的高度不宜过高,否则会使筋部受力破坏,降低自身刚性,应按一定比例设计且可增加加强筋的数目,如图 2-29 所示。图中,t 为壁厚(料厚),尺寸 A 是加强筋的大端厚度,取值范围为 $0.4\sim0.6t$,一般取值是 0.5 倍。尺寸 B 是加强筋的高度,一般要求不大于 $3t$。尺寸 C 是两个加强筋的距离,一般要求不小于 $4t$。尺寸 D 是加强筋离零件表面的距离,一般要求不小于 1.0mm。

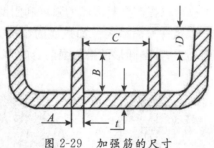

图 2-29　加强筋的尺寸

(3)加强筋脱模斜度可大些,以利脱模。

(4)使多数加强筋的方向与型腔塑料的流向一致,以提高物料成形时的流动性。

(5)多条加强筋要分布得当,排列相互错开,以减少收缩不均,如图 2-30 所示。

5.塑料产品的底部支撑面

塑料产品的底部支撑面选用整平面结构是不适宜的,因为要使整平面达到绝对平直是十分困难的,所以采用内凹结构效果较好,一般取值范围是 $0.3\sim2$mm。塑料产品的底部支撑面内凹结构如图 2-31 所示。

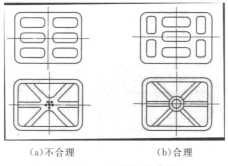

（a）不合理　　　　　（b）合理

图 2-30　加强筋的布置

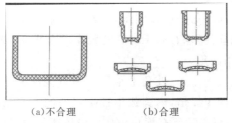

（a）不合理　　　　　（b）合理

图 2-31　支撑面设计

6. 塑料产品的孔

塑料产品上的孔有通孔、盲孔和复杂形状的孔。孔的位置应尽可能设置在最不易削弱塑料产品强度的地方，在相邻孔之间以及孔到边缘之间，均应留出适当的距离，且尽可能使壁厚大一些，以保证有足够的强度。常见孔的设计要求如图 2-32 所示。图中 A 是孔之间的距离，孔径若小于3mm，建议 A 的数值不小于 D；孔径若超过 3mm，则 A 数值可取孔径的0.7 倍。尺寸 B 是孔与边的距离，建议 B 的数值不小于 D。

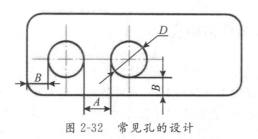

图 2-32　常见孔的设计

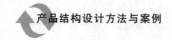

孔径与孔深的关系如图 2-33 所示。尺寸 A 是盲孔的深度,建议 A 数值不大于 5D。尺寸 B 是通孔的深度,建议 B 数值不大于 10D。

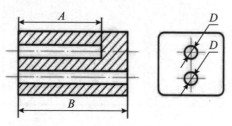

图 2-33　孔径与孔深的关系

7. 塑料产品的圆角

在塑料产品的拐角处设置圆角,可增加产品的机械强度和刚度,改善成型时材料的流动性,也有利于产品的脱模。因此,在设计塑料产品结构时,应尽可能采用圆角。

在两部位交接处的内、外角上采用圆弧过渡能减小应力集中。外圆弧半径应是壁厚的 1.5 倍,内圆弧半径是壁厚的 0.5 倍,使厚度一致,如图 2-34 所示。塑料产品所有拐角处均应设置圆弧过渡。

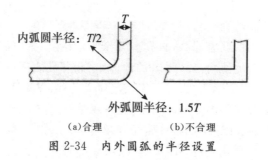

（a）合理　　　　　（b）不合理

图 2-34　内外圆弧的半径设置

2.5　钣金件结构设计

在进行产品结构设计时,经常用到五金类零件,五金制品根据加工方式不同常分为冷加工和热加工,不同种类的五金成型方法也不一样,冷加工类如钣金类材料,主要通过模具冷冲压、折弯、拉深等工艺成型。热加工类如铸造类零件,主要通过将五金原材料熔化成液态用模具铸造而成。

在工业产品中,钣金件占有很大的份额。汽车外壳和水壶壳体均属于钣金件。钣金件常用的金属材料有不锈钢、镀锌钢板、马口铁、铜、铝、铁等。钣金类产品一般的结构有:弯折、冲裁、压制和拉深等结构。

钣金类产品结构设计的基本原则为:①产品厚度均匀的原则。②易于展平的原则。钣金件产品是由片材加工而成的,在没有加工之前,原材料是平整的,所以,在设计钣金件时,所有折弯及斜面都要能展开在同一个平面上,相互之间不能有干涉。③适当地选用钣金件厚度原则。钣金件厚度从 0.03~4.00mm 各种规则都有,但厚度越大越难加工,就越需要大的加工设备,不良率也随之增加。厚度在满足强度及功能的前提下,越薄越好,对于大部分产品,钣金件厚度应控制在 1.00mm 以下。

2.5.1　冲压壳体

冲压是利用冲模在压力机上对板料施加压力,在模具作用下使其变形或分离,从而获得一定形状、尺寸的零件的加工方法。板料冲压通常在常温下进行,又称冷冲压。

冲压属于压力加工的一种,是产品金属外壳的一种主要加工形式。冲压既可加工仪表上的小零件,也能加工汽车车身等大型制件。广泛用于小家电、玩具、装饰件、仪表及日常生活用品等制造行业(见图 2-35)。

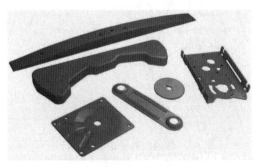

图 2-35　冲压件案例

板料冲压制造产品外壳具有下列特点:①生产率高,操作简单。生产过程只是简单的重复。②产品质量好。尺寸精度和表面质量较高,互换性好。③材料利用率高。按壳体的设计壁厚选择板材,有效利用材料;可采用组合冲压等方法,合理利用板材,减少产生的废料。④造型能力强。

可制造复杂的曲面零件。⑤适用范围广。制作壳体的材料可以是钢板，也可以是有色金属及其他合金板材，且成品的尺寸范围宽。⑥冲模的设计、制造复杂。使用冲压生产制造产品壳体的主要缺点是冲模的设计、制造复杂，成本较高，且一件一模。因此，只有在大批量生产的条件下才能显示出优越性。

设计冲压件的结构时应遵循以下原则：①冲压件的形状应尽量简单。最好是规则的几何形状或由规则的几何形状所组成的组合形状。②外形和内孔应避免尖角。一般情况下，冲压件的外形和内孔应避免尖角，应采用圆角的形式，如图 2-36 所示。一般圆角半径 R 应大于或等于板厚 t 的一半。③孔的尺寸不宜过小。冲孔时，因受凸模强度限制，孔的尺寸不宜过小。优先选用圆形孔。冲孔的最小尺寸与孔的形状、材料机械性能和材料厚度有关，表 2-3 列出了常用材料最小的冲孔尺寸，其中 t 为钣金材料厚度。④孔间距不宜过小。孔与孔之间的距离或孔与零件边缘之间的距离，因受模具强度和冲裁件质量的限制，其值不能过小。孔边距 A 应大于或等于板厚 t 的两倍，即 $A \geqslant 2t$；孔间距 B 应大于或等于板厚 t 的两倍，即 $B \geqslant 2t$。⑤注意节约原材料。在设计冲压件形状与尺寸时，为了尽量减少费料，可采用嵌套、组合等方法节约材料，如图 2-37 所示。

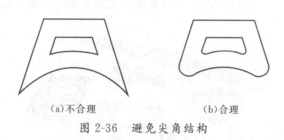

(a)不合理　　　　　　　　　(b)合理

图 2-36　避免尖角结构

表 2-3　常用材料最小的冲孔尺寸

材料	圆孔直径	方形孔短边宽
镀锌板、冷轧板、不锈钢	$\geqslant 1.3t$	$\geqslant 1.2t$
低碳钢、黄铜板	$\geqslant 1.0t$	$\geqslant 1.0t$
铝板	$\geqslant 0.8t$	$\geqslant 0.6t$

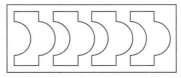

（a）不合理　　　　　　　　　（b）合理

图 2-37　尽量减少费料设计

2.5.2　弯折件

弯折件良好的结构工艺性，能简化弯折的工艺过程和提高弯折件的精度。如图 2-38 所示为几种弯折件结构。钣金件的折弯，是指在钣金件上做直边、斜边、弯曲等形状，如将钣金件弯成 L 形、U 形、V 形等。折弯加工可采用模具折弯及专业的折弯机折弯，模具折弯一般用于外形复杂、尺寸较小、产量多的钣金产品，折弯机折弯一般用于产品外形尺寸较大、小批量生产的钣金产品。

图 2-38　几种弯折件结构

下面对弯折件的结构提出一些设计要求：①弯折件的形状最好对称，弯曲半径左右一致。否则，由于摩擦力不均匀，板料在弯曲过程中会产生滑动。②弯折件的圆角半径应大于板料许可的最小弯曲半径。弯折件的圆角半径也不宜过大，因为过大时，回弹值增大，弯曲件的精度不易保证。设计折弯件最小的弯曲半径可参考表 2-4。③弯曲件的直边高度。弯曲件的直边高度不能太小，否则很难达到产品的精度要求。一般情况下，最小直边高度按照如图 2-39 所示要求来设计。④折弯件的最小孔边距。折弯件上的孔加工方式有两种，一种是先折弯后冲孔；另一种是先冲孔后折弯。先折弯后冲孔边距的设计参照冲切件的要求；先冲孔后折弯应让孔处于折弯的变形区外，不然会造成孔的变形及开孔处易裂，其基本设计要求如图 2-40 所示。

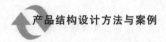产品结构设计方法与案例

表 2-4　常用材料最小的弯曲半径

材料	最小弯曲半径	
镀锌板、冷轧板	$R \geqslant 2.0t$	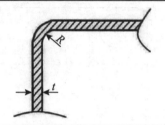
低碳钢、黄铜板	$R \geqslant 1.0t$	
不锈钢	$R \geqslant 1.5t$	
铝板	$R \geqslant 1.2t$	

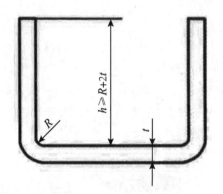

图 2-39　最小直边高度

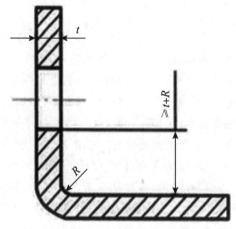

图 2-40　折弯件的最小孔边距

2.5.3　拉伸件

　　钣金件的拉伸是指将钣金件拉伸成四周有侧壁的圆形或者方形、异形等形状的工艺,如铝制的洗脸盆、不锈钢杯。在设计拉伸件时注意拉伸件形状应尽量简单,外形上尽量对称,拉伸深度不宜太大。

　　(1)拉伸件圆角半径大小要求如表 2-5 所示。

表 2-5　拉伸件圆角半径大小

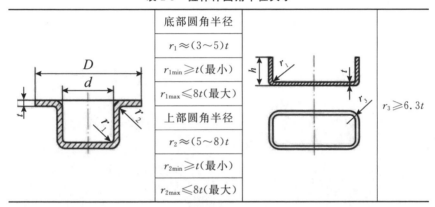

底部圆角半径
$r_1 \approx (3 \sim 5)t$
$r_{1\min} \geqslant t$ (最小)
$r_{1\max} \leqslant 8t$ (最大)
上部圆角半径
$r_2 \approx (5 \sim 8)t$
$r_{2\min} \geqslant t$ (最小)
$r_{2\max} \leqslant 8t$ (最大)

$r_3 \geqslant 6.3t$

　　(2)圆形无凸缘拉伸件一次成型时,其高度与直径的尺寸关系要求。圆形无凸缘拉伸件一次成型时,高度 H 和直径 d 之比应小于或等于0.4,即 $H/d \leqslant 0.4$,如图 2-41 所示。

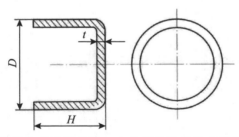

图 2-41　圆形无凸缘拉伸件一次成型时高度与直径的尺寸关系

　　图 2-42 所示为一件较复杂的拉伸产品的拉伸过程。其外形均匀对称,轮廓变化较顺畅,顶部凸缘宽度一致,底部孔大小合适,外部凸凹装饰条凹进较浅,整体结构设计合理,工艺性较佳。

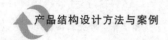

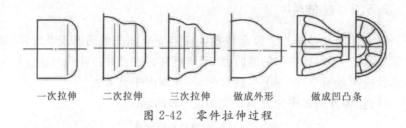

一次拉伸　　二次拉伸　　三次拉伸　　做成外形　　做成凹凸条

图 2-42　零件拉伸过程

2.6　课程作业

自选一件塑料或钣金制品,分析它外壳的结构特点。

第 3 章

CHAPTER 3

连接结构设计

连接结构是产品设计中一个重要的问题。构成产品的各个功能部件需要以各种方式连接固定在一起组成整体,以完成产品的设计功能。满足外观造型设计的产品外壳,通常是由底盖、主体框架等部件组成,需要连接固定形成一个整体。

连接结构可以分为:①不可拆固定连接:部件被连接后形成一个整体,拆卸将破坏被连接的部件或连接件。如焊接、铆接、胶接等。②可拆固定连接:拆卸后被连接件及连接件完好无损,拆卸的主要目的是方便维护、维修或存放保管。如螺纹连接、销连接、过盈连接、弹性连接等。③活动连接:被连接的各个部件间允许以一定方式、在一定范围内相对运动。可分为转动连接、移动连接和柔性连接等。

3.1　不可拆卸的固定连接结构

1. 焊接

焊接是利用一定的加热方法使焊接接触面局部熔化,然后冷却、凝固连接在一起的加工方法。广泛应用于金属构件的固定连接。

2. 铆接

铆接是使用铆钉穿过被连接件上的孔,通过打击、挤压等外力使露出钉头变形、压紧端面,从而将被连接件固定在一起的连接方法,如图 3-1 所示。被铆接件一般为金属或非金属板件。铆接工艺简单、成本较低、抗振、耐冲击、可靠性高。如机架、桥梁、飞机机身、电脑主机箱体等都可应用铆接,如图 3-2 所示。

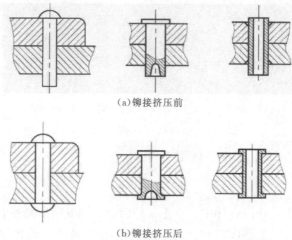

(a)铆接挤压前

(b)铆接挤压后

图 3-1　铆接示意图

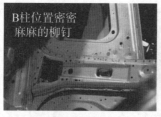

(a)铆接的汽车 B 柱

(b)锅与手柄的铆接

图 3-2　铆接的应用

图 3-3　选择所需的铆钉标准件

铆接设计时主要考虑铆钉的选择、铆钉孔的排列尺寸及铆接工艺等。金属铆钉是系列化生产的标准零件,选择时可参阅有关设计手册确定,如图 3-3 所示。如图 3-4 所示为结合 5mm 的空心铆钉扣和雪糕棒,利用剪刀、锉刀、砂纸、手枪钻、开花冲、榔头等工具,设计和制作的可伸缩收纳容器。另外,该设计中的铆钉还起到了销轴的作用。

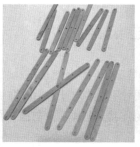

图 3-4　利用铆钉扣的可伸缩的收纳容器设计/华东理工大学/朱蕾/2017

3.胶接

胶接是用胶黏剂将被连接件表面连接在一起的过程,也称粘接。胶接与其他连接方式比较,有如下特点:应力分布均匀,可提高接头抗疲劳强度和使用寿命,提高构件动态性能;整个胶接面都能承受载荷,总的机械强度比较高;减轻结构重量,胶接后表面平整光滑;具有密封、绝缘、隔热、防潮、减震的功能;可连接各种相同或不同的材料;工艺简单,生产效率高。胶接的主要缺点有:强度不如其他形式,耐高、低温性较差,耐候性差,有老化问题。胶接已广泛用于电器、仪表、小家电及玩具等产品结构中。胶接设计的主要考虑内容是合理选择胶黏剂和设计胶接接头。胶接使用的胶黏剂种类繁多,性能各异,适合不同要求。接头设计的基本原则是:尽可能承受拉伸和剪切应力;尽量避免剥离和不均匀的扯离力;尽量增大胶接面积,提高承载能力;承受强力作用的接头可采用胶接和机械连接的复合接头形式;接头形式要美观、平整、便于加工。常用黏合剂有环氧树脂黏合剂等。胶接结构的接头形式有对接、搭接、斜接等多种形式,如图 3-5 所示。

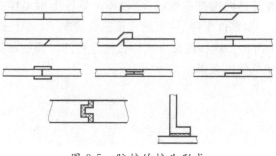

图 3-5　胶接的接头形式

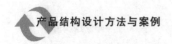

3.2 可拆卸的连接结构

产品设计中,在很多情况下,固定连接结构的选择与设计需要重点考虑满足安装和拆卸的方便性,尤其对于使用、维护中需频繁装拆的产品。如手机电池与机体之间的连接,饮料瓶盖与瓶口的连接等。

1. 螺纹连接结构

螺纹连接是应用广泛的可拆固定连接形式,有较大的灵活性,主要用于产品中零部件的紧固。螺纹连接件属于系列化生产的标准件,常用的各种形式、规格、尺寸等都可在标准件手册或设计手册中查到。

螺纹连接分为螺栓连接、双头螺柱连接和螺钉连接三类。

(1)螺栓连接,只要在两个被连接零件上钻出通孔,穿过螺栓,拧紧螺母即可,如图 3-6 所示。螺栓连接加工简单,装拆方便,因此应用广泛。

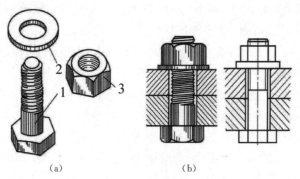

（a）　　　　　　　　　　（b）

图 3-6　螺栓连接

1—螺栓；2—垫圈；3—螺母

(2)双头螺柱的两端都有螺纹,在较厚的零件上做出螺孔,在较薄的零件上钻通孔。在零件很厚、较难把孔钻通的情况下,适于采用双头螺柱连接,如图 3-7 所示。这种连接方式用在被连接件需要经常拆卸的场合,如轴承座、发动机气缸盖等。

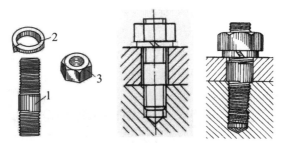

图 3-7 双头螺柱连接

1—双头螺柱;2—垫圈;3—螺母

（3）螺钉连接是不用螺母的螺纹连接,分普通螺钉连接和紧定螺钉连接。眼镜的镜片与鼻梁托和镜脚都是直接由螺钉紧固连接的,如图 3-8 所示。

图 3-8 眼镜

①普通螺钉连接:一个零件上有螺孔,另一个零件是通孔,拧紧后靠螺钉头起压紧作用,如图 3-9 所示。

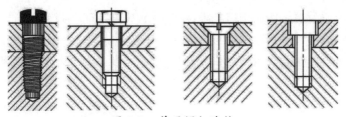

图 3-9 普通螺钉连接

②紧定螺钉的前端做成圆锥、圆柱、凹坑等类标准的形状,与被连接零件的对应部位相协配。紧定螺钉拧紧后,螺钉的圆锥端头嵌入轴上的圆锥坑里,从而实现紧定连接,如图 3-10 所示。

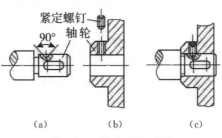

(a)   (b)   (c)

图 3-10 紧定螺钉连接

查阅国家标准手册"选用"标准件时,须在设计图上指明其代号,以便于去市场采购。标准件的代号由国家标准代号和规格尺寸代号两部分组成,设计时均应标记清楚。除以上三种螺纹连接方式外,还有自攻螺纹连接。自攻螺纹多用于铝型材和薄板的连接中。

2.销连接

销连接是利用各种销插入被连接件的预制销孔中,从而实现零部件间的连接、固定或定位的一种连接方式。销有多种结构形式,以适应不同的连接需要。手表表带就是使用了销连接,如图 3-11 所示。

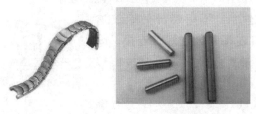

图 3-11　手表表带的销连接

销连接按照用途可以分为以下三类。

(1)定位销主要用于固定零件之间相对位置[图 3-12(a)]。

(2)联接销用于传递轴与轮子之间旋转运动[图 3-12(b)]。

(3)安全销会在遭遇过载时能自动断裂,从而保护机械不遭破坏[图 3-12(c)]。

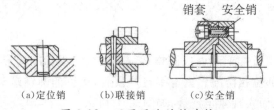

(a)定位销　　　　(b)联接销　　　　(c)安全销

图 3-12　不同用途的销连接

3.键连接

键连接主要用于连接轴与轴上的零件,传递扭矩,使之与轴同步转动,多用于机械传动中。键是标准件。键连接常见于轴和轮子之间,在两者间传递旋转运动,如图 3-13 所示。连接形式是:在轴上和轮子内孔开出键槽,将键嵌入轴上的键槽,对准位置推入轮孔内即可。键连接的结构简单,成本较低,装拆方便,应用广泛。

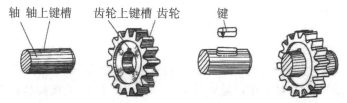

(a)轴上开出键槽 (b)轮子内孔开出键槽 (c)将键嵌入轴上的键槽 (d)对准位置推入轮孔

图 3-13　键 连 接

4.过盈配合连接

过盈配合连接是指轴与孔之间连接时,轴的直径比孔略大,靠外力作用实现轴与孔的连接,通过连接面的摩擦力、传递力或扭矩的一种连接方式,如图 3-14 所示。过盈量(孔与轴的直径差值)、过盈面积(过盈配合面的面积)的大小决定连接的紧固性和拆装方便性。过盈量、过盈面积小,拆装容易,传递的力小;过盈量、过盈面积大,拆装困难,传递的力大。如葡萄酒瓶上的软木塞直径比瓶口略大,靠外力压入,通过过盈配合实现密封功能,拔出时需用专用开瓶器。

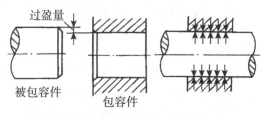

图 3-14　过盈配合示意图

5.弹性变形连接

弹性变形连接指利用连接件整体或局部的弹性变形实现结构部件之间的连接与固定。采用弹性变形连接的两个部件可以其中一个发生弹性变形,也可以两个都发生弹性变形,或者两者都没有弹性变形,而通过另一个元件的弹性变形将两者连接起来。这种连接方式结构简单、拆装简便,但密闭性较差,常用于拆装频繁、

图 3-15　弹性变形连接示例

连接脱落影响不大的产品中,如真空吸尘器和吸尘管的连接、笔与笔帽的连接等,如图 3-15 所示。此类结构特别适合于注塑、冲压模具生产的薄壁塑料、金属件,形状不限于圆筒形零件。

6. 卡扣连接

卡扣连接是利用构件材料允许一定的弹性变形,设计相应的卡扣结构实现固定功能,是电子产品中常用的一种连接方式,其结构具有不少的优异性,在设计中广泛使用,如图 3-16 所示。卡扣连接的优点是:无需其他材料,降低产品成本,操作简单;有替代螺丝、螺母、华司等金属件的功能;没有像焊接与点胶的复杂操作技术要求;塑胶产品能重复拆装利用。缺点是易出现一些常见的不良情况,如卡扣组装不到位或习惯性的空装;卡扣成型很难做到完全密合,组装后在重力的作用下经常会有松动。

图 3-16　卡扣连接示例

7. 插接结构

在需要相互固定的零部件间相关部位设置相应的插装配合固定结构,可方便安装、拆卸,特别是有利于模块化设计、组装。图 3-17 所示为几种常见的金属板插装固定结构。图 3-18 为运用插接结构,使用瓦楞纸板制作的椅子。

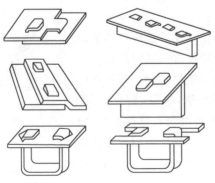

图 3-17　常见金属板插接形式

图 3-18　瓦楞纸板制作的椅子

3.3　活动连接

在三维空间内的自由物体(结构零部件),可以产生六种基本运动,即沿三维空间三个方向(轴)的移动和绕三个方向(轴)的转动。按机构学的定义,称为具有六个自由度。在产品设计中,通常只涉及较简单的低自由度活动连接关系,常用的是单运动自由度连接结构,即转动或移动。而设计活动连接结构除选择合理的连接方式限制不需要的运动自由度外,主要是设计稳定、可靠、巧妙的活动连接结构形式,以满足产品的使用要求。

如单自由度转动,是指构件围绕一根轴转动或摆动,连接结构必须使用一个固定的轴,自行车的车轮围绕着车轴转动就是这种情况。又如单自由度移动,是指构件沿一条固定轨迹运动,轨迹可以是空间或平面曲线,最常用的轨迹是直线,滑盖式手机的滑动导轨、拉杆天线的伸缩结构等都是简单的单自由度移动。

1. 转动连接

转动连接结构设计的核心和关键是转动轴的相关结构设计。按轴承的形式,可分为滚动轴承和滑动轴承两种连接形式,如图 3-19 所示。一般而言,前者用于转动速度高、载荷高、精度高及相对比较重要的场合,后者则用于转动速度低、运动不频繁、摩擦较小及相对次要的场合。轴承设计为套筒状,并安装、固定在轴承座或机架上,轴转动时与轴承间的滑动为摩擦。采用各种塑料材质外壳的一些小电器产品,如翻盖式随身听和手机,转动结构直接设计在壳体上,结构简单且工作可靠,如图 3-20 所示。

(a)滚动轴承　　　(b)滑动轴承

图 3-19　轴承示意图

图 3-20　翻盖式手机

2.移动连接

移动连接结构设计的核心和关键是滑动导轨、滑动部件在导轨上的安装固定及相关结构。如抽屉的轨道上使用滚动轴承的结构,使抽屉推拉滑动轻便灵活,如图 3-21 所示。

3.柔性连接

柔性连接在此指允许被连接零部件位置、角度在一定范围内变化或连接构件可发生一定范围内的形状、位置变化而不影响运动传递或连接固定关系。常见的形式如弹簧连接、软管连接等,如图 3-22 所示。

图 3-21　移动连接示例　　　图 3-22　柔性连接示例

3.4　课程作业

请设计一款创新的积木连接方式。

第 4 章

CHAPTER 4

运动机构设计

4.1 运动机构设计的基础知识

4.1.1 构件和运动副

1.构件

一个产品是由零件组成,一个零件或两个零件及三个以上零件组成的相对静止(固定联接)的组件就是构件。相对静止的零件组合为刚性组合,可以通过紧固件(螺栓、螺钉等)联接、焊接、铆接、过盈配合等众多工艺方法实现。构件的结构简图见图 4-1。构件是结构简图中最基本的元素。

(a)轴、杆、连杆 (b)轴、杆的固定支架 (c)杆的固定联接

图 4-1　构件简图

2.运动副

两个构件联接后存在相对运动,这种运动联接形式称为运动副。若运动副构件间的相对运动发生在同一平面或相互平行的平面内,则称为平面运动副;否则称为空间运动副。平面运动副分平面低副和平面高副两种基本类型。常见的空间运动副有螺旋副和球面副。

　　两构件面接触构成的运动副称为平面低副(图 4-2),它的数量一般用 P_L 表示。低副的传动特点是让联接构件间受到两个约束,只存在一个自由活动方向。平面低副分为转动副(也称铰链)和移动副。两构件之间只能够产生转动的运动副称为转动副;两构件之间只能够产生移动的运动副称为移动副。必须强调指出:低副的重要特性是"低副运动的可逆性",就是说用低副相联接的两构件间的相对运动关系,不会因两构件的主动和被动关系的改变而改变。

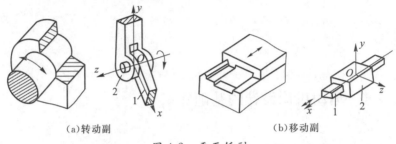

(a)转动副　　　　　　　　　　　　(b)移动副

图 4-2　平面低副

　　两构件通过点接触或线接触所构成的运动副称为高副(图 4-3),它的数量用 P_H 表示。高副的传动特点是限制构件不能沿着接触点的法线方向($n-n$)移动,只能沿切线方向($t-t$)移动和绕垂直于平面的 z 轴转动,受到一个约束,存在两个自由活动方向。

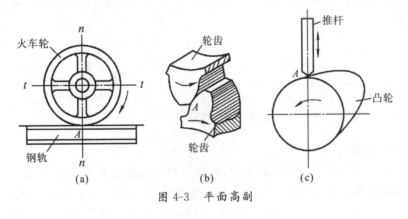

(a)　　　　　　　　(b)　　　　　　　　(c)

图 4-3　平面高副

　　常见的空间运动副——球面副与螺旋副如图 4-4 所示。

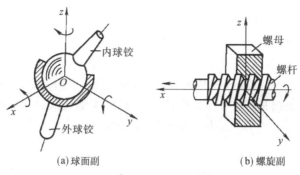

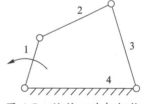

(a)球面副 (b)螺旋副

图 4-4 常见的空间运动副

3.机构

　　两个以上的构件通过运动副联接成一个运动链系统,系统中有一个构件被固定(静止不动,称为机架构件),其余构件都有其确定的相对运动,该运动链系统称为机构,如图 4-5 所示。机构是能实现运动转换和动力传递的零构件组合。钉鞋机进针

图 4-5 铰接四连杆机构

机构实现了"连续旋转→往复移动"的运动转换,如图 4-6(a)所示。气动门启闭机构实现了"活塞杆移动→两扇门位置移动和折叠运动"的运动转换,如图 4-6(b)所示。缝纫机中四杆机构实现了"往复摆动→连续旋转"的运动转换,如图 4-6(c)所示。机械中常通过机构实现各种各样的运动转换。机构是机械中的基本组成单元。

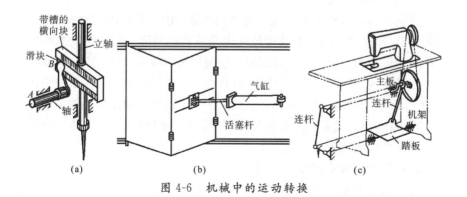

(a) (b) (c)

图 4-6 机械中的运动转换

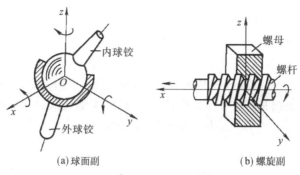

机构中的构件可以分为三类：机架、原动件以及从动件，如图 4-7 所示。机架是机构中被视为固定不动的构件，图 4-7 中的 1 是机架。原动件是机构中由外部给定其运动的构件，也称为输入构件。图 4-7 中曲柄 2 的转动由外部输入，是原动件。从动件是机构中由原动件驱动的其他构件。若从动件直接实现机构的功能，称为执行件；若从动件把运动输出本机构，称为输出构件。图 4-7 中连杆 3、摇杆 4 都是从动件。机架也称为固定构件，原动件和从动件都属于活动构件。

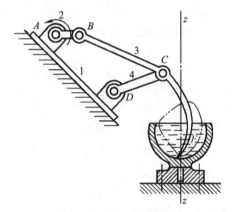

图 4-7　液体搅拌机

1—机架；2—曲柄；3—连杆；4—摇杆

4.1.2　机构运动简图及其绘制

1.机构运动简图

排除实际机构中与运动关系无关的因素，用一定比例的简单线条和规定的符号，来表示运动副及构件间运动关系的图形。机构运动简图是实际机构运动关系的简化表示图形。绘制机构运动简图只考虑与运动有关的运动副数目、类型及相对位置，对构件和运动副的实际结构形态进行了简化，不考虑材料，仅考虑和运动有关的尺寸比例。如连杆机构中的连杆，与构件间运动关系有关的只是"连杆长度"，而与截面形状、是单个还是多个零件组成无关。

2.运动副的表示方法

运动副主要包括转动副和移动副两种：

(1)转动副,用一个小圆圈表示,其圆心即相对转动的轴线位置。图 4-8 是两构件所组成转动副的几种表示方法。若组成转动副的二构件 1 和 2 都是活动件,用图 4-8(a)所示;若其中一个是机架,则在机架上画一列斜线,如图 4-8(b)、(c)所示。

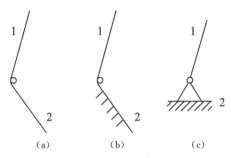

图 4-8　转动副的表示方法

(2)移动副,图 4-9 是两个构件组成的移动副的几种表示方法,图中标有阴影线的构件为机架。

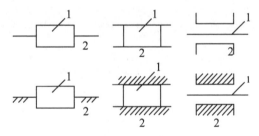

图 4-9　移动副的表示方法

(3)平面高副。对于平面高副,简图中应画出两构件接触处的曲线轮廓,如图 4-10 所示。两构件组成平面高副时,简图只需画构件接触处的曲线轮廓。注意画出相切的点。凸轮高副一般要画出凸轮廓形线,常见的两种形式见图 4-10。图 4-11(a)是点接触尖顶直动杆平面凸轮结构,图 4-11(b)是线接触的滚子摆动杆平面凸轮结构。齿轮高副常见形式有平面圆柱齿轮传动,它的简图有三种表示:一对弧曲线点接触表示[图 4-12(a)];点划线圆(或实线圆)表示[图 4-12(b)];带一对齿廓形的点划线圆表示[图 4-12(c)]。其中点划线圆(或实线圆)表示应用最多。

图 4-10　平面高副的表示方法

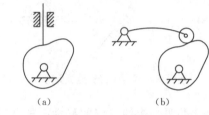

图 4-11　凸轮高副简图

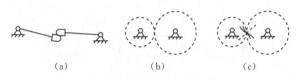

图 4-12　齿轮高副简图

（4）球面副与螺旋副。球面副与螺旋副的简图分别如图 4-13（a）、（b）所示。

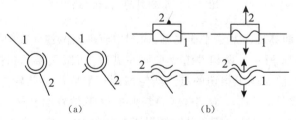

图 4-13　球面副和螺旋副的表示方法

3.构件的表示方法

构件简图的表示方法是：在构件的相应位置上将运动副用符号标出，

再用简单线条连成一体以表明是同一构件即可。图 4-14 所示是一些横截面形状不同的杆件,而这些形状不同的杆件在机构运动中的作用并无差异。在机构运动简图中都可以用(h)图所示线条来表示。图 4-15(a)是几种二运动副构件(指一个构件上有两个运动副)的示例,图 4-15(b)是几种三运动副构件(指一个构件上有三个运动副)的示例。图 4-15 所示的部分图形中,在线条交接的内角涂以黑三角,或在封闭的图形内画上斜向剖面线,是表示同一构件的两种符号。

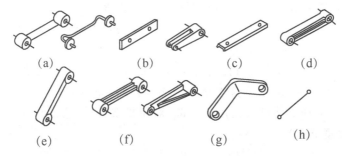

图 4-14　横截面形状不同的连杆

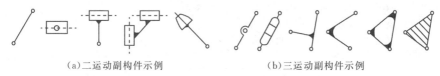

(a)二运动副构件示例　　　　　(b)三运动副构件示例

图 4-15　运动简图中构件的表示方法

4.机构运动简图的绘制步骤

机构运动简图的一般绘制步骤如下:

(1)分析机构的组成,确定机架、原动件、从动件。

(2)从原动件开始,按照运动传递的顺序,分析构件间的运动关系,确定从动件的个数、运动副的类型和数目。

(3)在表示机构运动的投影平面内选择适当的比例尺,根据构件和运动副的位置关系和构件尺寸,用规定的符号绘制出运动简图。

(4)标注:

①以大写英文字母 A、B、C……依次标注各运动副。

②以阿拉伯数字 1、2、3……依次标注各构件。

③用箭头表示原动件的运动方向。

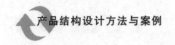

4.1.3 平面机构自由度计算

机构是一个运动链系统,它含有主运动构件,即独立运动构件或原动件。机构独立运动构件的数目称为结构自由度,用 F 表示。多数结构自由度 $F=1$,它表示只有一个主动构件,即一个运动输入构件,其他构件由运动副的相对运动所确定。自由度 $F=2$ 的结构表示结构有两个独立运动构件,即两个主动件(两个运动输入),只有两个运动输入确定了,其他构件的运动才能被确定。可以理解,结构自由度 $F=0$,表示结构没有活动构件,结构中不存在任何相对运动,此时结构"不能动",设计中的结构组成变成了刚性联接,在结构设计中需要避免发生。

一个平面构件中没有任何运动副约束,它有三个独立运动: x 方向和 y 方向的两个移动,绕垂直于平面的 z 轴转动,如图 4-16 所示。所以一个作平面运动的构件自由度 $F=3$。对于机架构件,它没有任何独立运动,自由度 $F=0$。

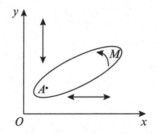

图 4-16　无约束构件的平面运动

平面运动副分低副和高副。低副中只有一个独立的相对运动,约束限制了两个运动。低副自由度 $F=1$,约束数为 2。例如转动副限制了 x 和 y 方向的两个移动。高副中有两个独立运动,只约束限制了接触点法线方向的移动,高副的自由度 $F=2$,约束数为 1。

设结构总低副数量为 P_L 个,高副数量为 P_H 个,总的约束数为 $2P_L+1 \cdot P_H$。结构自由度 F 的计算公式可以写成:

$$F=3n-(2P_L+1 \cdot P_H)=3n-2P_L-P_H \tag{4-1}$$

式中,n—结构的活动构件数,P_L—平面结构中低副数目(转动副和移动副总数),P_H—平面结构中高副数。

结构自由度计算步骤如下:

①绘制结构简图；

②确定活动构件数 n；

③确立低副数 P_L 和高副数 P_H；

④检查 n、P_L、P_H 是否有遗漏和没有考虑到的问题（如复合铰链、虚约束）；

⑤代入自由度计算公式求得结构自由度 F 值；

⑥分析 F 值和实际结构的运动关系。

4.2　平面连杆机构

平面连杆机构是构件用低副联接起来、实现平面运动转换的机构。由四个构件组成的称为四杆机构。平面连杆机构的优点是：面接触的压强低，磨损慢，圆柱面、平面等接触表面易于加工制造，能实现转动、摆动、移动等基本运动形式间的互相转换。平面连杆机构的缺点是：低副中存在间隙，间隙会引起运动误差，不易精确地实现复杂的运动轨迹。

4.2.1　四杆机构的基本类型

1.铰链四杆机构

以 4 个铰链联接 4 个构件而成的四杆机构，如图 4-17 所示。固定不动的构件 4 为机架，与机架相连的构件 1、3 称为连架杆，连接两连架杆的构件 2 称为连杆。连架杆中能作整圈回转的称为曲柄，不能作整圈回转、只能作往返摆动的称为摇杆。铰链四杆机构有三种基本形式：曲柄摇杆机构、双曲柄机构、双摇杆机构。

（1）曲柄摇杆机构。铰链四杆机构的两个连架杆之一是曲柄，另一是摇杆，为曲柄摇杆机构，如图 4-17 所示。曲柄摇杆机构能实现以下两种

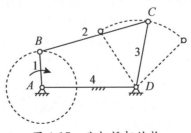

图 4-17　曲柄摇杆结构

运动转换：①以曲柄为原动件，可将曲柄的连续转动转换为摇杆的往复摆动；②以摇杆为原动件，可将摇杆的往复摆动转换为曲柄的连续转动。（提示：摇杆为原动件时，摇杆通过连杆带动曲柄转动，当连杆和曲柄共线时会出现死点，利用惯性通过死点，曲柄才能连续转动。）

（2）双曲柄机构。铰链四杆机构的两个连架杆均为曲柄，称为双曲柄机构，如图 4-18 所示。双曲柄机构中的任一个曲柄均可作为原动件，带动从动曲柄旋转。平行四边形机构中两曲柄长度相等，且连杆机架的长度也相等，是双曲柄机构，如图 4-19 所示。平行四边形机构运动有两个特性：①原动曲柄与从动曲柄的转动保持同步。如火车车轮的联动机；②运动中两曲柄保持平行，连杆与"机架"也保持平行。如汽车升降座椅等。

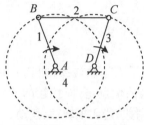

图 4-18　双曲柄结构

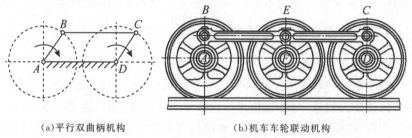

（a）平行双曲柄机构　　　　　　　（b）机车车轮联动机构

图 4-19　平行四边形机构的运动特性及其应用示例

（3）双摇杆结构。两个连架杆均为摇杆的铰链四杆机构，如图 4-20 所示。双摇杆机构中的任一个活动件（摇杆或连杆）均可作为原动件，使两个摇杆均实现往返摆动。图 4-21 所示的健身运动器就是双摇杆结构的实际应用。手把 AB 和座椅 CD 为摇杆，运动员坐在座椅上，双手摇动手把，座椅会跟着摆动，使手臂、腹部和腿部肌肉得到锻炼。图 4-22 所示的汽车门开闭结构也是双摇杆结构应用。门 AB 和门 CD 为摇杆，门 AB 闭合（或开启），门 CD 也随之闭合（或开启）。

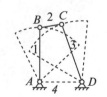

图 4-20　双摇杆机构

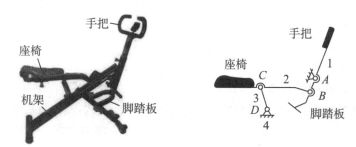

图 4-21　健身运动器及其结构简图

（4）铰链四杆机构类型的选择。最短杆与最长杆长度之和大于其余两杆长度之和时，没有曲柄存在，得双摇杆机构。最短杆与最长杆长度之和小于其余两杆长度之和，是曲柄存在的条件。到底是哪种机构类型，还要根据最短杆在机构中的位置，分为三种情况，如图 4-23 所示。

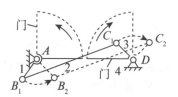

图 4-22　汽车车门开闭结构

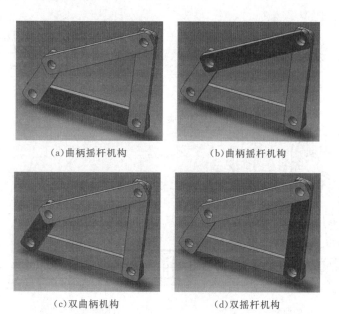

（a）曲柄摇杆机构　　　　　（b）曲柄摇杆机构

（c）双曲柄机构　　　　　　（d）双摇杆机构

图 4-23　变换机架得到不同四杆机构（深色杆代表机架）

　　①取最短杆为连架杆时,最短杆为曲柄,另一连架杆为摇杆,得曲柄摇杆机构。

　　②取最短杆为机架时,得双曲柄机构。

　　③取最短杆为连杆时,得双摇杆机构。

2.滑块四杆机构

　　在四杆机构中含有移动副,则称为滑块四杆机构,简称滑块机构。较为常见的是曲柄滑块机构。在图 4-24 中构件 3 称为滑块。曲柄滑块机构主要由曲柄、连杆、滑块和机架组成。曲柄做连续转动,滑块进行往复直线运动。若滑块转动副中心的移动方向线通过曲柄转动中心,称为对心曲柄滑块机构,否则是偏置曲柄滑块机构,e 称为偏心距。滑块行程为滑块往返两极限点的距离(图 4-24 中 H)。曲柄滑块机构应用很广泛,如内燃机里的曲柄滑块机构和自动送料机构等(图 4-25)。内燃机中的活塞 3 相当于滑块,气缸中燃料燃烧产生高温高压气体,推动活塞 3 向下运动,通过连杆 2 驱动曲轴 1 转动,曲轴相当于机构中的曲柄。自动送料机构中曲柄 5 绕铰链 A 转动,通过连杆 2 带动滑块 4 往复直线运动,将料筒中的料不断向左推出,实现"自动"送料。

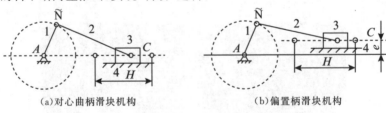

　　(a)对心曲柄滑块机构　　　　　　　　(b)偏置柄滑块机构

图 4-24　曲柄滑块机构

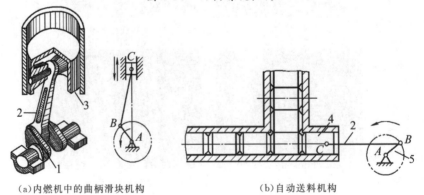

　　(a)内燃机中的曲柄滑块机构　　　　　(b)自动送料机构

图 4-25　曲柄滑块机构的应用示例

　　同样曲柄滑块结构也可以采用"取不同构件与机架"的方法得出一系列演化结构,如图 4-26 所示。

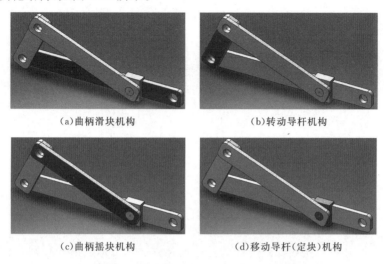

(a)曲柄滑块机构　　　　　　　　　　(b)转动导杆机构

(c)曲柄摇块机构　　　　　　　　　　(d)移动导杆(定块)机构

图 4-26　四杆机构的作图法简介

　　四杆机构设计的要求,通常是实现某构件的运动要求。如:①给定从动件的位置;②给定从动件上某点的运动轨迹;③给定从动件行程速度变化规律等。四杆机构的设计方法有解析法、几何作图法、实验法等。此处仅对用作图法按给定连杆位置设计四杆机构设计作简要介绍。

　　已知连杆长度和三个给定位置 B_1C_1、B_2C_2、B_3C_3,设计四杆机构,如图 4-27 所示。设想连杆两端是随连架杆绕某点做圆弧运动的,在给定连杆三个位置的条件下,设计问题转化为已知三点求圆心的问题。分别作 B_1B_2、B_2B_3 的垂直平分线交于 A 点,得左连架杆固定端铰链 A 的位置;分别作 C_1C_2、C_2C_3 的垂直平分线交于 D 点,得右连架杆固定端铰链 D 的位置;AB_2C_2D 即为所求的四杆机构。AB_2 和 C_2D 分别为左、右连架杆的长度。AD 为机架的长度。

4.2.2　高副三杆结构

　　在自由度不变的条件下,转动副或移动副被高副取代,构件数减少一个,形成少一个构件的高副结构,常见的有滑槽高副三杆结构和回转高副三杆结构。

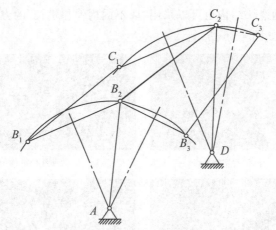

图 4-27 按给定连杆的三个位置设计四杆机构

1.滑槽高副三杆结构

铰接四杆结构用低副高代的结构演化方法可以形成滑槽高副三杆结构。滑槽高副三杆结构中,滑槽接触为高副接触。它的四种常见结构形式如图 4-28 所示。应用极为广泛的平行四边形伸缩结构,它的起始结构经常是滑槽高副结构。家用伸缩晾衣架就是这种结构形式,如图 4-29 所示。

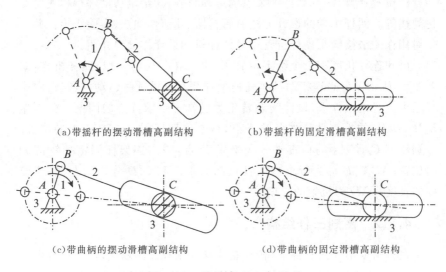

(a)带摇杆的摆动滑槽高副结构 (b)带摇杆的固定滑槽高副结构

(c)带曲柄的摆动滑槽高副结构 (d)带曲柄的固定滑槽高副结构

图 4-28 滑槽高副三杆结构

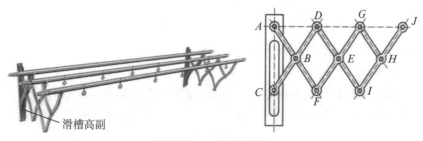

图 4-29　晾衣架结构

2.回转高副三杆结构

回转高副三杆结构最常见的结构形式是凸轮结构,如图 4-30 所示。

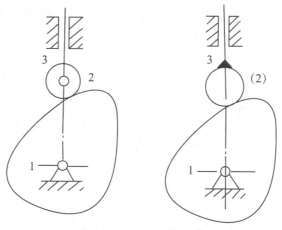

图 4-30　平面凸轮结构

4.2.3　多杆连杆结构组成

1.结构组成原理

多杆连杆结构的组成原理包含以下三大内容:

(1)任何结构都由三部分组成:机架、主动件(原动件)和从动系统。

(2)每个主(原)动件具有一个自由度,结构自由度 F 和结构主(原)动件数必须相等。

(3)从动系统自由度为零。从动系统可以分解若干个不可再分的,自由度为零的运动链,这种运动链结构学上称为杆组。

研究结构组成主要是研究从动系统中的杆组结构。结构的组成过程就是在主动件后联接上合适杆组的过程。

2.杆组

根据结构杆组自由度为零的条件,如果一个杆组有 n 个构件,P_L 个低副,那么它必定满足下列公式:

$$3 \cdot n - 2 \cdot P_L = 0$$

$$P_L = \frac{2}{3} \cdot n \qquad (4\text{-}2)$$

构件数 n 和低副数 P_L 必须是整数,满足公式(4-2)最简单杆组数字是 $n=2$,$P_L=3$,说明不可分的从动系统由两个构件、三个运动低副组成的运动链是最简单的杆组,机械原理中把这种杆组称为Ⅱ级杆组。它的常见结构形式有 9 种,如图 4-31 所示,而在活动型产品结构设计中最常见的形式为 5 种:(a)、(b)、(c)、(d)、(e)。

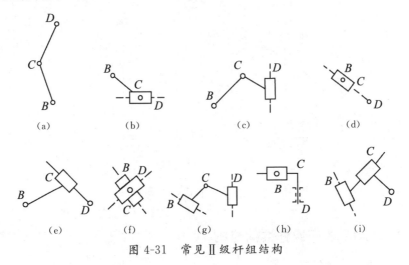

图 4-31　常见Ⅱ级杆组结构

3.平面结构组成举例

铰链四杆结构组成如图 4-32 所示。机架(构件 4)＋主(原)动件(构件 1)＋Ⅱ级杆组从动系统(a 型)＝铰接四杆结构。

图 4-33 中是一个三层多功能文具盒。文具盒除了三层存放文具以外,还可以支撑各类纸张图片,方便文件阅读,特别在电脑前进行文件输

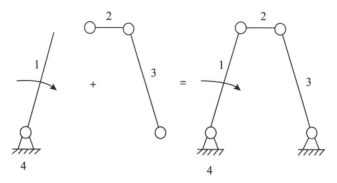

图 4-32　铰链四杆结构组成

入时,更感必要。图 4-34 所示为三层多功能文具盒的结构简图。图 4-35 所示为三层多功能文具盒的结构组成分析。

在开展三层多功能文具盒结构分析时遵循以下三个步骤:

(1)画出三层文具盒的结构简图。简图是一个八连杆结构。绘图时。注意两点:①简图位置和文具盒打开的位置一致;②三副杆 *BCG* 和 *DCF* 交叉的表示方法。

图 4-33　三层多功能文具盒

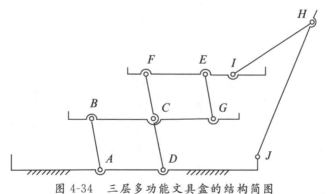

图 4-34　三层多功能文具盒的结构简图

(2)根据结构组成原理,选定基本连杆结构 *ABCD*。将Ⅱ级 *FEG*(a 型)和连杆结构 *BC*、*CD* 两杆相联结,成为一个自由度 $F=1$ 全铰六连杆结构;再将Ⅱ级杆组 *IHJ*(a 型)和六连杆结构 *EF*、*AD* 连杆相联结,形成

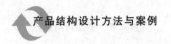
了自由度 $F=1$ 的全铰八连杆结构。

(3)结构组成分析。

①八连杆三层文具盒结构是在自由度 $F=1$ 的基本四连杆基础上连续串联叠加两个Ⅱ级杆组 FEG 和 IHJ,它们都是 9 种Ⅱ级杆组中最常见的 a 型。

②如果将文具盒 JH 杆作为主动件来分析结构组成,将会遇到麻烦,因为 $JHIFD$ 为一个五杆结构,自由度 $F=2$。在分析结构组成时应予以注意,必须从基本连杆结构开始分析。

③常见的八连杆结构组成如图 4-36 所示。主动杆 1 叠加 a 型Ⅱ级杆组 BCD,注意 CD 杆的刚性三角形画法,D 副和机架相连,成为一个四连杆结构;再叠加一个 a 型Ⅱ级杆组 EFI,注意 FI 杆的刚性三角形画法,I 副连到机架上,成为一个六连杆结构;再叠加一个 a 型Ⅱ级杆组 HGI,J 副连到机架上,组成全铰八连杆结构。

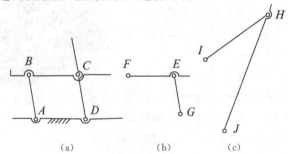

图 4-35　八连杆三层文具盒结构组成

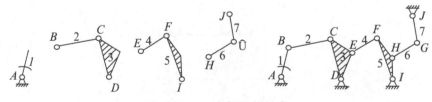

图 4-36　八连杆结构组成

4.3　凸轮机构和螺旋机构

4.3.1　凸轮机构

凸轮机构由凸轮、从动件和机架三部分组成。凸轮是一个具有曲线轮廓或曲线凹槽的构件,凸轮与从动件构成高副。凸轮通常是原动件,它做转动、摆动或往复移动,驱动从动件按预设的规律做连续或间歇的转动、移动或摆动。图 4-37 中是三个凸轮机构的示意图。图 4-37(a)所示为内燃机配气机构,工作时盘形凸轮 1 连续旋转,推动从动件气阀 2 实现气门的开启与闭合。图 4-37(b)所示为冲床冲头上的送料机构,工作中移动凸轮 1 随冲头往复运动,推动装有圈柱滚子的从动件 2 做水平往复移动,实现卸料送料。图 4-37(c)所示为自动机床上进退刀机构,圆柱凸轮 1 转动,凸轮的凹槽控制从功件 2 绕 C 点摆动,再通过齿轮齿条的传动实现进刀退刀。

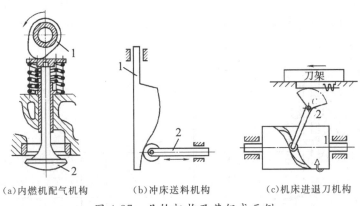

(a)内燃机配气机构　　　　(b)冲床送料机构　　　　(c)机床进退刀机构

图 4-37 　凸轮机构及其组成示例

凸轮机构的优点是:只需设计出适当的凸轮轮廓,便可使从动件实现预设的运动,包括较复杂的曲线运动。与四杆机构比较,凸轮机构设计方便,结构简单紧凑、工作可靠。缺点是:凸轮与从动件是高副连接的点接触或线接触,易磨损,传递的力量小。另外,复杂凸轮轮廓的加工较困难,成本也高。但随着数控加工技术的发展,凸轮加工的困难已明显缓解。

凸轮机构的结构形式很多:①按凸轮的形状可分为移动凸轮、盘形凸轮、圆柱凸轮等类型;②按从动件的形状可分为尖顶从动件、滚子从动件、平底从动件等类型;③按从动件的运动可分为直动从动件、摆动从动件两类。

复杂凸轮机构的设计涉及较多知识,下面简介尖顶直动从动件盘形凸轮轮廓的设计方法。

(1)凸轮机构的几个基本参数。图4-38(a)所示是一个对心尖顶直动从动件的盘形凸轮。①基圆是以最小向径 r_0 为半径所作的圆;②凸轮转动时,从动件与基圆圆弧 AB 接触的过程中保持静止不动,凸轮转过这段圆弧所转过的角度 ϕ_s 称为近休止角;③凸轮继续转动,从动件开始上升,从动件上升到最高位置时移动的距离称为推程,这一段凸轮转过的角度 ϕ_0 称为推程角(或升程角)。在图4-38(a)中,推程为 $A'A''=h$,推程角为 $\angle BOC$。④当从动件的尖顶与凸轮上圆弧 $\overset{\frown}{CD}$ 相接触的时段中,凸轮转动而从动件处在最远的位置保持不动。在该时段中凸轮转过的角度 ϕ'_s 称为远休止角,在图4-38(a)中为 $\angle COD$。⑤从动件自与 D 点开始,随着凸轮继续转动,从动件持续下降,直至从动件的尖顶回到 A 点。从动件下降的过程称为回程,回程中凸轮转过的角度 ϕ'_0 称为回程角,在图4-38(a)中为 $\angle DOA$。

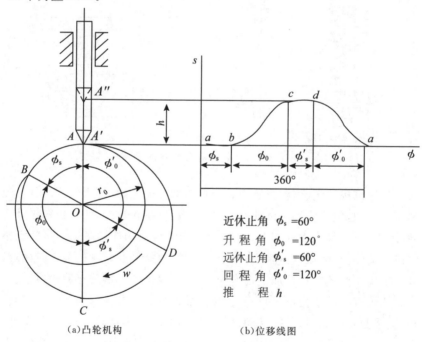

近休止角 $\phi_s = 60°$

升 程 角 $\phi_0 = 120°$

远休止角 $\phi'_s = 60°$

回 程 角 $\phi'_0 = 120°$

推　　程 h

(a)凸轮机构　　　　　　(b)位移线图

图4-38　凸轮机构及其基本参数

(2)从动件的位移线图,如图4-39所示。凸轮机构设计的基本要求是实现从动件的预定运动特性,包括从动件的位移、速度、加速度。其中位移特性是基本的。位移特性用位移线图来表示。以凸轮的转动角度 ϕ 为横坐标，以从动件位移 s 为纵坐标，得到"ϕ—s"曲线称为从动件的位移线图。

（3）简单凸轮轮廓的设计示例（图解法）。

设计要求：使对心尖顶直动从动件盘形凸轮的推杆实现下述运动要求：

①匀速推程 $h=10\mathrm{mm}$，推程角 $\phi_0=135°$；

②远休止角 $\phi_s{}'=75°$；

③匀速回程角 $\phi_0{}'=60°$；

④近休止角 $\phi_s=90°$；

⑤凸轮匀速逆时针转动，凸轮基圆半径 $r_0=20\mathrm{mm}$，设计该凸轮的轮廓。

凸轮轮廓的作图法设计步骤如下：

1）画从动件位移线图如图 4-39(a) 所示。

2）位移线图上等分推程和回程。

3）以 $r_0=20\mathrm{mm}$ 为半径画出基圆，然后沿凸轮转动的反方向（反转法），按位移线图上各等分点的凸轮转角，依次画出径向线 $O1$、$O2$、…、$O9$，并从基圆向外在径向线上依次量取 $11'$、$22'$、…、$88'$、$99'$ 分别与位移线图上的位移相等，在图上得到 $1'$、$2'$、…、$8'$、$9'$ 各点，如图 4-39(c) 所示。

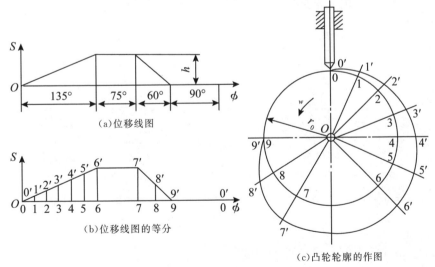

(a)位移线图

(b)位移线图的等分

(c)凸轮轮廓的作图

图 4-39　简单凸轮轮廓设计示例

4)以光滑曲线连接 $1'$、$2'$ 等各点,得到凸轮的推程轮廓和回程轮廓。作圆弧 $6'7'$ 和 $9'0'$,分别得到远休止段和近休止段的凸轮轮廓。

至此,得到完整封闭的凸轮轮廓。

4.3.2 螺旋机构

1.螺纹类型和螺纹参数

按旋向不同,分为右旋螺纹和左旋螺纹两种,常用的是右旋螺纹。按螺旋线数目不同,分为单线螺纹、双线螺纹和多线螺纹,图 4-40(a)、(b)、(c)所示分别为单线、双线和三线螺纹。圆柱外表面上形成的螺纹称为外螺纹,孔内表面上形成的螺纹称为内螺纹。按螺纹的牙型不同,可分为三角形螺纹、矩形螺纹、梯形螺纹、锯齿形螺纹和管螺纹等种类,如图 4-41 所示。

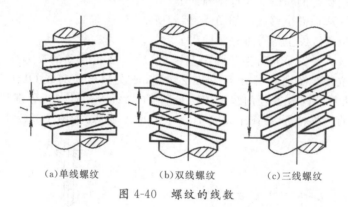

(a)单线螺纹   (b)双线螺纹   (c)三线螺纹

图 4-40　螺纹的线数

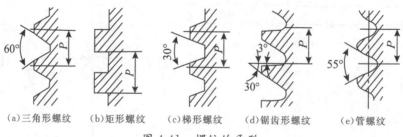

(a)三角形螺纹   (b)矩形螺纹   (c)梯形螺纹   (d)锯齿形螺纹   (e)管螺纹

图 4-41　螺纹的牙型

螺纹的主要参数包括(图 4-42):

(1)大径 d:即技术标准中的螺纹公称直径,螺纹的最大直径。

（2）小径 d_1：螺纹的最小直径。

（3）中径 d_2：螺纹牙厚与牙间宽度相等的假想圆柱的直径。

（4）螺距 P_0：螺纹相邻两牙在中径线上对应点间的轴向距离。

（5）导程 P_h：同一条螺旋线上相邻两牙在中径线上对应点间的轴向距离。

导程 P_h 与螺距 P_0 之间的关系为：$P_h = nP_0$，式中 n 是螺纹的线数。

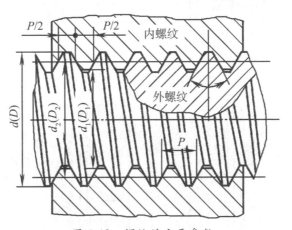

图 4-42 螺纹的主要参数

2.螺旋机构的类型

螺旋机构的基本构件为螺母、螺杆和机架。

（1）按构件的运动形式分类，在螺旋机构中，螺母或螺杆可以与机架固定联接，也可以与机架构成移动副，由此可形成四种不同运动形式的螺旋机构，它们能实现不同的功能（图 4-43）。

（2）差动螺旋机构与复式螺旋机构。图 4-43 中的四种螺旋机构有一个共同点：在每一种机构中含有一个螺纹副、一个转动副和一个移动副。倘若螺杆上有两段螺纹，一段螺纹与机架、另一段螺纹与螺母分别构成螺纹副，螺母仍与机架构成移动副，即该螺旋机构包含两个螺纹副、一个移动副，如图 4-44 所示，则转动螺杆时，螺母在机架上的运动情况，与单螺纹副螺旋机构时很不相同。如图 4-44 所示，螺纹副 A、B 的导程分别为 P_{hA}、P_{hB}，则转动螺杆时，螺母在机架上的运动分为两种情况：

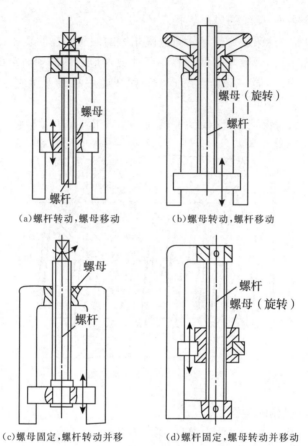

(a)螺杆转动,螺母移动   (b)螺母转动,螺杆移动

(c)螺母固定,螺杆转动并移   (d)螺杆固定,螺母转动并移动

图 4-43 四种不同运动形式的螺旋机构

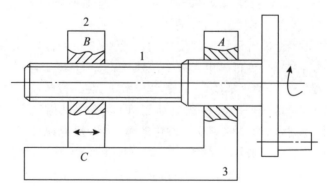

图 4-44 差动螺旋机构或复式螺旋机构

①差动螺旋机构。若螺旋副 A 与 B 的旋向相同,称为差动螺旋机构,运动方程为

$$s = \frac{\varphi}{360°}(P_{hA} - P_{hB}) \tag{4-3}$$

式 4-3 说明:若螺距差值$(P_{hA} - P_{hB})$很小,则转动差动螺旋机构时,构件的移动量将很小,因此适宜用来作精密调节。

②复式螺旋机构。若螺旋副 A 与 B 的旋向相反,称为复式螺旋机构,运动方程为

$$s = \frac{\varphi}{360°}(P_{hA} + P_{hB}) \tag{4-4}$$

式 4-4 说明:转动复式螺旋机构时,构件的移动量等于两个单螺纹副移动量的叠加,明显加大,因此能适合某些特殊的要求。

(3)按螺旋副的摩擦形式分类。按螺旋副的摩擦形式可分为滑动摩擦螺旋副[图 4-45(a)]、滚动摩擦螺旋副[图 4-45(b)]。滚动摩擦螺旋副摩擦因数小,传动效率高,已制成标准件——滚珠丝杠,有国家标准,应用日益广泛。

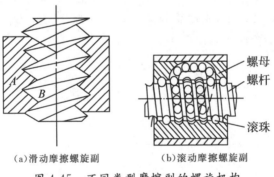

(a)滑动摩擦螺旋副　　　　(b)滚动摩擦螺旋副

图 4-45　不同类型摩擦副的螺旋机构

4.4　带传动

机器一般由原动机、传动装置、工作装置等部分组成。原动机输出的运动和动力,按要求变换速度和(或)运动方式传递到工作装置的过程,称为传动。例如:骑自行车时,人力通过链条传递给飞轮,驱动自行车后轮,使自行车前行,如图 4-46 所示;汽车上发动机的动力通过变速箱和传动

图 4-46　自行车的传动

轴传递给后桥,驱动车轮转动;车床电动机的动力通过主轴箱传递给主
轴,变换不同传动比的齿轮对啮合,使主轴有几十种转速,满足不同工件
的切削加工要求。传动可以通过机械、液力、电力等形式来实现。传动是
机械设计的基本内容之一。

4.4.1　带传动的组成与传动比

带传动由主动轮、从动轮和传动带所组成,如图 4-47 所示。一般的
传动带安装时需紧套在两个带轮上,依靠带轮与传动带间的摩擦力传递
运动。在机械传动中,主动轮与从动轮的转速之比称为传动比,用 i 表
示。带传动的传动比为:

$$i = \frac{n_1}{n_2} = \frac{d_2}{d_1} \qquad (4\text{-}5)$$

式中,n_1 为主动轮的转速(r/min);n_2 为从动轮的转速(r/min);d_2 为从
动轮的基准直径(mm);d_1 为主动轮的基准直径(mm)。公式(4-5)表明,
带传动中两轮的转速与两轮的基准直径成反比。

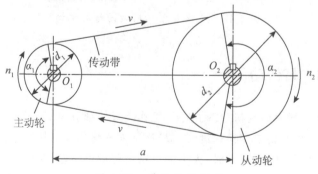

图 4-47　带传动的组成

4.4.2　带传动的特点

带传动具有以下优缺点：

（1）能够缓和冲击，吸收振动，因此传动平稳，噪声小。

（2）结构简单，制造和安装精度要求不高，使用维护方便；传动带损坏后容易更换，因此加工制造及运行成本均比较低。

（3）能实现大中心距间的传动，最大中心距可达 15m 以上。

（4）过载时传动带会在带轮上打滑，有利于避免机器中其他机件的损坏。

（5）带传动不能保证精确不变的传动比。

（6）带传动的机械效率较低。

（7）因传动带必须张紧，使轴与轴承受到较大的径向力，对机器运行有些不利影响。

带传动属于摩擦传动，是靠带与带轮之间的摩擦力进行传动的。超过摩擦力的最大值，带与带轮就会打滑，使传动失效。而在一定的传动拉力下，速度越高，可传递的功率越大，为了充分发挥带传动的能力，带传动常用在传动系统的高速级。

4.4.3　带传动的主要类型

带传动常以传动带的截面形状进行分类，主要有平带传动、V 带传动、圆带传动和同步带传动四种类型，如图 4-48 所示。前三种是摩擦型带传动，同步带传动是啮合型带传动。

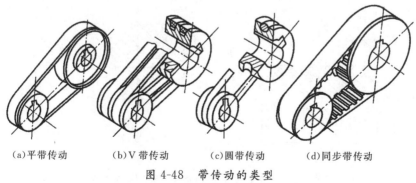

　（a）平带传动　　　（b）V 带传动　　　（c）圆带传动　　　（d）同步带传动

图 4-48　带传动的类型

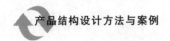

1. 平带传动

平带的截面为薄宽的矩形。常见的平带有橡胶帆布带、尼龙(聚酰胺)平带、聚氨酯平带等。各种平带的规格、代号可查阅相关国家标准。平带传动在力学性能方面不如 V 带传动,但平带的厚度薄,挠曲性比 V 带好。以下两种条件下平带传动具有优势:

(1)较小功率的高速、高频度挠曲传动。新型高强度平带质量轻、寿命长、噪声小、传动平稳,在轻工行业,如卷烟、纺织、印刷等机械中应用广泛。

(2)除了图 4-49(a)所示的普通开口传动外,平带还能做图 4-49(b)、(c)所示的交叉、半交叉形式的传动,从而改变转动的方向。V 带却只能安装成开口传动。

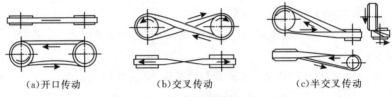

(a)开口传动　　　　　(b)交叉传动　　　　　(c)半交叉传动

图 4-49　平带传动的几种形式

2. V 带传动

V 带的截面为梯形。V 带与带轮的梯形环槽,两侧面接触,槽底留有间隙,如图 4-50(b)所示,这样设计是为了保证装配精度,在同一个方向上两个零件只能有一个面接触。利用了"楔槽增压"原理,可以增加滑动摩擦力,当带与带轮间径向压力相同的条件下,带轮楔角为 $\varphi = 38°$ 时的 V 带传动能力,约为平带的 3 倍。图 4-50(a)所示是平带与 V 带在同等径

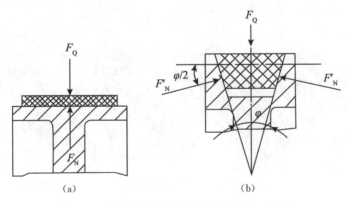

(a)　　　　　　　　　　(b)

图 4-50　传动带与带轮间的径向力与正压力

向力 F_Q 作用力,两者所产生的正压力的情况。V 带横向尺寸小,可几根 V 带并用,结构紧凑,传动能力可进一步提高,更为平带所不及。

3. 圆带传动

圆带的截面为圆形。圆带通常用皮革制成,带轮上的圆弧截面环形槽加工容易,成本低廉。圆带传动只能传递小功率,用于家用脚踏缝纫机等小产品上。

4. 同步带传动

同步带的纵截面具有齿形。同步带依靠带与带轮上的齿相互啮合来传动,属于啮合传动。特点为:①比摩擦式的带传动工作可靠,传动能力高;②带与带轮之间没有相对滑动,传动比准确;③可降低轴与轴承所承受的径向力;④同步带与带轮的制造成本较高。主要用于要求传动比准确的中小功率传动中,如数控机床、纺织机械、发动机正时带等。

4.5　链传动

4.5.1　链传动的组成

链传动主要由主动链轮、链条、从动链轮三构件与机架等部分组成,如图 4-51 所示。机械中的传动链有滚子链和齿形链两大类。齿形链传动平稳,耐冲击,噪声小,又称为无声链,用于高速和精度高的场合,如图 4-52 所示。但齿形链结构较复杂,重量大,价格较贵。在本教材中重点介绍滚子链。

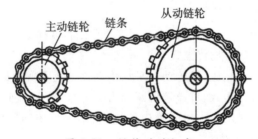

图 4-51　链传动的组成

4.5.2　链传动的平均传动比

链传动是啮合传动,同一时间内两个链轮转过的齿数是相等的。链

图 4-52　齿形链的构造

传动的平均传动比为 i,则有

$$i = \frac{n_1}{n_2} = \frac{z_2}{z_1}\tag{4-6}$$

式中,n_1、n_2 为主、从动链轮的转速(r/min);z_1、z_2 为主、从动链轮的齿数。式(4-6)表明,两链轮的转速与两链轮的齿数成反比。

4.5.3　链传动的运动特性

链条是一节一节的,绕在链轮上,形成等边多边形。等边多边形在平面上滚动,其形心必时时上下颠簸,移动速度也不均匀。可想而知,链轮轴心位置固定,链轮转动带动多边形的链条运动时,必然有:①链条移动的速度是不均匀的。虽然平均传动比是定值,但瞬时传动比却存在周期性波动。②传动中链条会产生上下方向的抖动,抖动引起附加动载荷。链轮的转速越高、链轮齿数越少、链条节距越大,则链传动的瞬时传动比不均匀性和链条的抖动就越严重。

4.5.4　链传动的特点

(1)对环境条件的要求比带传动低,能在温度高、尘垢多的条件下工作,这是链传动的突出优点。

(2)与带传动相比,链传动有平均传动比恒定不变的优点。

(3)低速传动中,能传递较大圆周力而不打滑;但高速传动中,链条运动速度的波动、抖动和产生的噪声均较大,不如带传动平稳;也不具有带传动的过载保护性能。

(4)链条不需要在链轮上张紧,有利于降低轴与轴承承受的径向压力。

(5)在传递功率相同的条件下,链传动的结构比带传动紧凑,但对制造和安装的要求高于带传动。

(6)链传动一般适宜布置在基本铅垂的平面内,链轮轴的方向明显受到限制,这是链传动突出的局限和不足。

(7)与齿轮传动相比,链传动对环境要求低;制造和安装成本比齿轮传动低,可实现较远距离的传动。

4.6　齿轮传动机构

4.6.1　齿轮传动的类型

齿轮机构是最常用的转动机构,通常由两个齿轮组成一组,依靠齿轮的啮合传递转动和扭矩。齿轮形式种类很多:按两轴线的空间位置,齿轮传动分为平行轴齿轮传动、相交轴齿轮传动、交错轴齿轮传动;按齿向不同分为直齿、斜齿、人字齿、曲线齿等类型;根据啮合形式分为外啮合、内啮合两类。齿轮传动分类可综合表示为如图 4-53 所示。

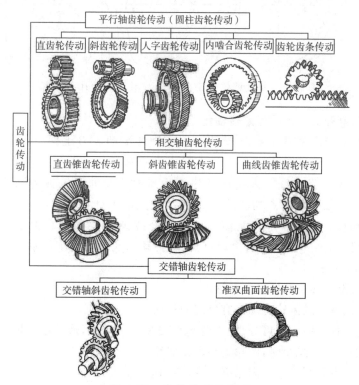

图 4-53　齿轮传动的类型

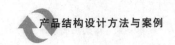

齿轮传动的优点:精确,传动比恒定,结构紧凑,高效,寿命长,轴间传递运动和动力方便。齿轮传动的缺点:制作成本高,制造与安装精度要求高,不宜用于大中心距传动,有振动和噪声。

4.6.2 渐开线直齿圆柱齿轮传动

1.轮齿齿廓与齿轮传动比

古代齿轮的齿廓线形简单,每转过一个齿都发生一次撞击,瞬时传动比波动较大,传动很不平稳,图 4-54 所示为古代齿轮的轮齿形式之一。在转速高、功率大的现代传动中,根本不能用。

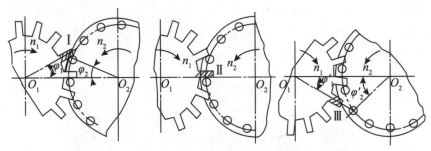

图 4-54 古代齿轮传动不能保持瞬时传动比的恒定

2.渐开线齿轮的恒定传动比

直线 AB 紧靠在半径 r_b 的圆周上做纯滚动,AB 上任一点 K 的轨迹 CKK' 称为该圆的渐开线。该圆称为此渐开线的基圆,r_b 为基圆半径,AB 称为发生线。采用渐开线作为齿廓曲线的齿轮称为渐开线齿轮。渐开线上任一点的法线就是通过该点的渐开线发生线,此直线与基圆相切。基圆以内没有渐开线。渐开线齿轮传动具有恒定的传动比。可见,渐开线齿轮的出现,使齿轮传动的性能取得了质的飞跃。如图 4-55 所示。

3.渐开线齿轮的啮合特性。

(1)渐开线齿轮传动具有恒定的传动。

(2)具有中心距可分性:当两轮在安装中有误差,造成中心距一定范围内的加大或减小时,两轮的传动比保持不变。

(3)齿廓间传力方向始终不变,传动平稳。

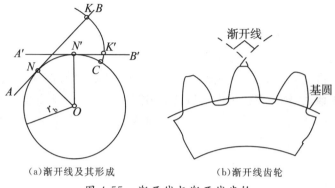

(a)渐开线及其形成　　　　(b)渐开线齿轮

图 4-55　渐开线与渐开线齿轮

4.6.3　渐开线直齿圆柱齿轮的参数与尺寸关系

(1)齿轮各部分的名称及表示符号如图 4-56 所示。

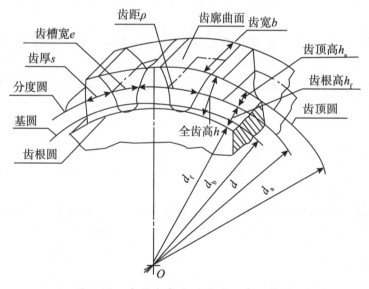

图 4-56　齿轮各部分的名称及表示符号

①齿顶圆:轮齿顶部所在的圆称,直径 d_a。与顶齿圆相关的参数下标用 a。

②齿根圆:齿槽底部所在的圆,直径 d_f。与顶根圆相关的参数下标用 f。

③齿厚 s:沿某一圆周上量得的轮齿厚度(弧长)称为齿厚。齿根处齿厚最宽,越接近齿顶齿厚越窄。

④齿槽宽 e:沿某一圆周上量得的齿槽间的宽度(弧长)称为齿槽宽。齿根处齿槽宽最窄,越接近齿顶齿槽宽越宽。

⑤齿距 p:沿某一圆周上量得的相邻两齿同侧齿廓间的距离(弧长)称为齿距。圆越大,对应的齿距也越大。

⑥分度圆:齿厚与齿槽宽相等的这个圆称为分度圆,其直径用 d 表示。分度圆是一个重要概念,是计算齿轮各参数的基准之一。与分度圆相关的参数都用不带下标的字母,分别为 s、e、p 等。分度圆上应该有如下关系:

$$s = e \tag{4-7}$$

$$p = s + e \tag{4-8}$$

⑦齿顶高 h_a:齿顶圆与分度圆之间的径向距离称为齿顶高,用 h_a 表示。

⑧齿根高 h_f:齿根圆与分度圆之间的径向距离称为齿根高,用 h_f 表示。

⑨全齿高 h:齿根圆与齿顶圆之间的径向距离称为全齿高,用 h 表示。

$$h = h_a + h_f \tag{4-9}$$

(2)直齿圆柱齿轮的基本参数。

直齿圆柱齿轮有 5 个基本参数:齿数 z、模数 m、压力角 α、齿顶高系数 h_a^*、顶隙系数 c^*。

①齿数 z:齿轮轮齿的个数。相同时间内,主、从动齿轮转过的齿数是相等。齿轮传动的传动比与主动轮、从动轮的齿数成反比,即

$$i = \frac{n_1}{n_2} = \frac{z_2}{z_1} \tag{4-10}$$

式中,n_1、n_2 为主、从动轮的转速(r/min),z_1、z_2 为主、从动轮的齿数。

②模数 m:是齿轮设计计算的重要参数,反映了轮齿的大小。模数大,轮齿大,承载能力强,如图 4-57 所示。齿轮分度圆直径 d 等于齿轮齿数 z 与模数 m 的乘积。齿轮所有几何尺寸都与模数相关联。模数 m 是

齿轮设计计算的重要参数。国家标准规定了齿轮模数的标准系列,设计
齿轮时要选择标准模数。

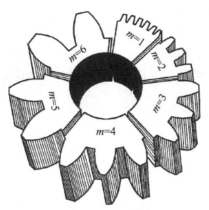

图 4-57　不同模数轮齿的大小对比

　　分度圆的周长有两种计算方法,等于分度圆齿距 p 和齿数 z 的乘积
zp,也可用分度圆的直径 d 表示为 πd。因此有关系式:$zp = \pi d$。

　　由这个关系式可得到分度圆直径的计算式:

$$d = \frac{p}{\pi} z \tag{4-11}$$

　　式(4-11)中含有无理数 π,会给计算带来诸多不便,因此,引入一个
参数,称为模数,用 m 表示:

$$m = \frac{p}{\pi} \tag{4-12}$$

　　于是就有

$$d = zm \tag{4-13}$$

　　式(4-12)表明:模数的意义是分度圆齿距的 $1/\pi$。

　　式(4-13)使得分度圆的计算更为简便。式(4-13)表明,分度圆直径
等于齿数与模数的乘积,是齿轮设计计算最基本的公式之一。

　　③压力角 α:物体因受力而产生运动,力的作用方向和物体上力作用
点的运动方向间的夹角,称为压力角。渐开线上任一点法向压力的方向
线(即渐开线在该点的法线)和该点速度方向之间的夹角称为该点的压力
角。压力角越小,力的方向与运动方向越接近一致,推动物体运动越省
力,如图 4-58(a)所示。

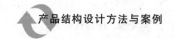
渐开线齿廓的不同位置处,齿廓形状不同,啮合点压力角的大小也不同,如图 4-58(b)所示。以哪一段渐开线作为齿廓曲线比较合适呢?国家标准规定,标准渐开线齿轮的分度圆压力角为 20°,即以压力角 20°的位置作为分度圆,以此点附近的渐开线作为齿廓曲线。

由于只有压力角数值定下来,渐开线齿廓的形状才能确定,因此,齿数 z、模数 m 和压力角 α 三者是直齿圆柱渐开线齿轮主要的基本参数。

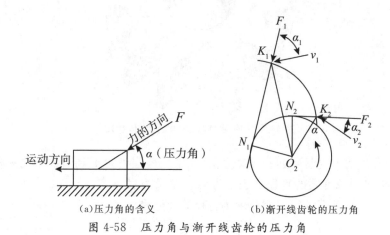

(a)压力角的含义   (b)渐开线齿轮的压力角

图 4-58　压力角与渐开线齿轮的压力角

④齿顶高系数 h_a^*、顶隙系数 c^*。齿顶高系数 h_a^* 为齿顶高 h_a 与模数 m 的比值,即

$$h_a = h_a^* m \tag{4-14}$$

由于只有齿距 p 相同,即模数 m 相同的渐开线齿轮才能啮合传动;两齿轮啮合的标准安装距离是两齿轮的分度圆相切。在这种安装条件下,一个齿轮的齿顶要嵌进另一个齿轮齿槽中接近齿根的部位去,两齿轮啮合,不能卡死,齿根高 h_f 必须略大于齿顶高 h_a,否则两齿轮必发生干涉而无法传动,因此有:

$$h_f = h_a + C \tag{4-15}$$

式中,C 为两齿轮啮合时的"径向间隙",或称"顶隙"。

顶隙系数 c^* 顶隙 C 与模数 m 的比值,即

$$C = c^* m \tag{4-16}$$

由以上三式得到齿根高的计算式

$$h_f = (h_a^* + c^*)m \tag{4-17}$$

全齿高的计算式为

$$h = (2h_a^* + c^*)m \tag{4-18}$$

齿顶高系数 h_a^* 和顶隙系数 c^* 也是齿轮的基本参数。国家标准规定,正常齿制: $h_a^* = 1.00$, $c^* = 0.25$;短齿制: $h_a^* = 0.80$, $c^* = 0.30$。

(3)标准直齿圆柱齿轮的几何尺寸。直齿圆柱齿轮有 5 个基本参数,对于正常齿制标准直齿圆柱齿轮,有 3 个基本参数是确定的,即压力角 $\alpha = 20°$,齿顶高系数 $h_a^* = 1.00$,顶隙系数 $c^* = 0.25$。这样,只要给出齿数 z 和模数 m,这个齿轮就确定了,就可计算出齿轮的其他全部几何尺寸。

4.6.4　一对渐开线齿轮的啮合

一对渐开线齿轮,必须模数相等、压力角相等才能啮合传动;两渐开线齿轮的标准安装条件为分度圆相切,标准中心距 a 为两齿轮分度圆半径之和。

$$a = \frac{m(z_1 \pm z_2)}{2} \tag{4-19}$$

式中,两齿轮外啮合取加号,两齿轮内啮合取减号。

渐开线齿轮传动的一个突出优点是,实际安装中心距与标准中心距略有偏差,不影响其传动特性。当然这是有前提的:第一,实际中心距不比标准值大得太多而使两轮的啮合产生间断;第二,不比标准中心距小得太多而使两齿轮的轮齿与齿槽互相"卡死"。

两齿轮实现连续传动的条件是:在一对轮齿脱离啮合之前下一对轮齿必须进入啮合,即重合度>1。齿轮的齿数越多,重合度越大,对实现连续传动越有利。

正常齿制标准渐开线直齿齿轮的最小齿数 $z_{min} = 17$。齿数小于 17,会发生"根切",使轮齿根部部分齿廓丧失渐开线齿形,从而降低根部强度和传动质量。

对于低速、低精度的民用产品,如儿童玩具、游乐设施等,可以不采用渐开线齿轮,则齿轮的最小齿数可以更小。

4.6.5　轮　系

若干对齿轮副(包含蜗杆副)组成的传动系统称为轮系。轮系分为两大类:①定轴轮系:传动中所有齿轮轴线的位置均固定不动的轮系。②周转轮系:传动中至少有一个齿轮轴绕其他齿轮的固定轴回转的轮系。周转轮系中,轴线位置固定的齿轮称为太阳轮。齿轮轴线绕其他轮轴转动的齿轮称为行星轮,如图 4-59 所示。

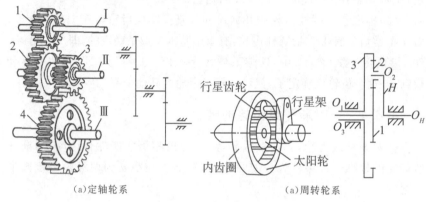

(a)定轴轮系　　　　　　　　　　(a)周转轮系

图 4-59　定轴轮系与周转轮系

轮系的作用在于:

(1)获得大传动比。一对齿轮的传动比一般不宜超过 5,否则大齿轮外径随传动比成比例增大,必导致整机的庞大与笨重,也会使小齿轮受力的循环次数比大齿轮多得多而易于损坏。轮系则通过一级一级的连续增速或减速,可达到很大传动比,满足相应的功能要求。图 4-60 所示二级圆柱齿轮减速器中的轮系,通过输入轴→中间轴→输出轴的两级减速,获得较大传动比,其结构相当紧凑。

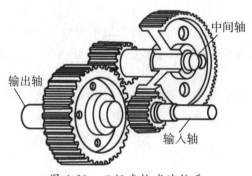

图 4-60　二级齿轮减速轮系

（2）实现变速、换向传动。如汽车变速箱里的轮系，轴Ⅰ是输入轴，花键轴Ⅱ是输出轴，D 是离合器，还有一根中间轴Ⅲ。这个轮系可以得到四种不同的传动比，实现四个挡位的变速输出，如图 4-61 所示。图 4-62 所示是一种简单换向输出轮系。因其中齿轮 z_2、z_3、z_4 的三根轴的位置互相固定而称为三星轮机构。当三星轮处于 a 位置时，输出轮 z_4 的转向与输入轮 z_1 相同，而当三星轮切换到 b 位置时，输出轮 z_4 的转向与输入轮 z_1 相反，达到了换向的目的。互相啮合的两个外齿轮的转向总是相反，每增加一个外啮合中间轮，传动旋转方向反转一次。传动线路中这种用于改变转向的中间轮称为惰轮，它只改变后面齿轮的转向，而不影响后面齿轮的转速。

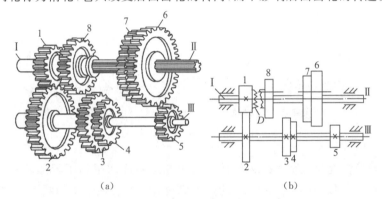

图 4-61　可实现变速传动的轮系

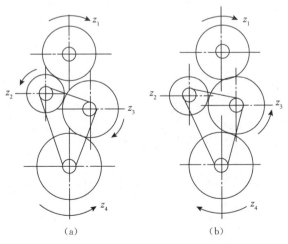

图 4-62　用于换向的三星轮机构

（3）实现多路传动。如图 4-63 所示车床车削螺纹时需要主轴转动和刀架移动两个运动配合。轴Ⅰ的转动通过齿轮 1、3 传动使车床主轴Ⅱ转动，同时又通过齿轮 2、4 带动刀架移动。多头钻孔机床中轴Ⅰ上的齿轮 1 可同时带动齿轮 2、3、4、5 转动，使安装在轴Ⅱ、Ⅲ、Ⅳ、Ⅴ四根轴头的麻花钻都同时转动起来钻孔。

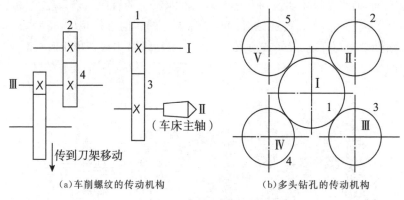

（a）车削螺纹的传动机构　　　　　（b）多头钻孔的传动机构

图 4-63　多路输出的轮系

（4）实现较大距离的齿轮传动。齿轮副不适用于相距较远两轴间的传动。两轴距离大了，两个齿轮就需要很大。在两轴距离相同的条件下，增加几个中间轮，可实现较大距离的传动，而所占空间可缩小很多，结构重量将大为减轻，如图 4-64 所示。

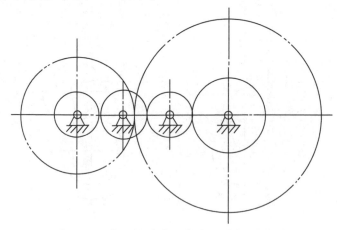

图 4-64　采用轮系实现较大距离间的传动

轮系的传动比,指轮系中输入轴转速与输出轴转速之比,也就是轮系中始端主动轮与末端从动轮的转速之比。如始端主动轮编号为 1,末端从动轮编号为 k,则轮系的传动比表示为 i_{1k}。若输入、输出轴的旋转方向相同,传动比为正值;两者转向相反,传动比为负值。(非平行轴轮系各轴转向不能用正负号表示)

定轴轮系的传动比 i_{1k} 可由下式表示:

$$i_{1k} = (-1)^m \frac{所有从动轮齿数的乘积}{所有主动轮齿数的乘积} \qquad (4\text{-}20)$$

式中,m 为轮系中外啮合齿轮的对数。

4.7　间歇运动机构

间歇运动机构指能将原动件的连续转动转为从动件周期运动和停歇的机构。本节介绍较常见的间歇运动机构:棘轮机构、槽轮机构和不完全齿轮机构。

4.7.1　棘轮机构

棘轮机构主要由棘轮 1、摇杆 4(原动件)、驱动棘爪 2、止回棘爪 5 和机架组成,如图 4-65 所示。当摇杆 4 顺时针摆动时,驱动棘爪 2 推动棘

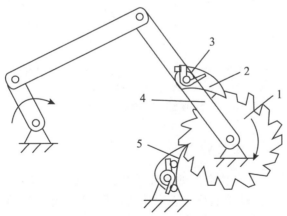

图 4-65　棘轮机构的基本组成

1—棘轮;2—驱动棘爪;3—扭簧;4—摇杆(原动件);5—止回棘爪

轮 1 同向转过一定角度;当摇杆 4 逆时针摆动时,驱动棘爪 2 在棘轮 1 的齿背上滑过,此时止回棘爪 5 阻止棘轮反向转动,使棘轮能停歇不动。针摆动时,驱动棘爪 2 在棘轮 1 的齿背上滑过,此时止回棘爪因此在摇杆 4 不断往复摆动时,棘轮 1 做单方向的时动时停的间歇运动。扭簧 3 的作用是让棘爪在前进后退中都能紧贴在整轮的齿面上,确保棘爪工作的可靠。

4.7.2 槽轮机构

槽轮机构由拨盘 1、槽轮 2 与机架 3 三个主要部分组成,如 4-66 所示。工作过程:原动件拨盘 1 以匀角速度逆时针转动,当圆销 A 开始进入槽轮的径向槽时,拨盘上锁止弧解除锁定,在圆销 A 的拨动下,槽轮开始顺时针转动。当拨盘转过 2ϕ_1 角、带动槽轮转过 2ϕ_2 角,圆销开始脱离槽轮的径向槽,锁止弧开始锁定,接着拨盘继续转动而槽轮却维持不动。如此,拨盘的连续匀速转动,使槽轮发生单向的间歇转动。

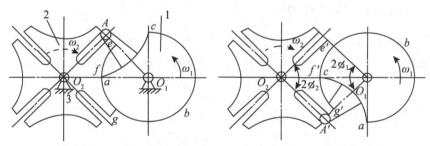

(a)圆销开始进入槽轮的径向槽　　　　(b)圆销开始脱离槽轮的径向槽

图 4-66　单销外啮合槽轮机构及其工作过程

1—拨盘;2—槽轮;3—机架

4.7.3 不完全齿轮机构

不完全齿轮机构是由普通齿轮机构演变成的间歇运动机构,如图 4-67所示。它的主动轮上只有一个或几个齿,其余部分为锁止弧。当主动轮 1 与从动轮 2 的轮齿啮合时,从动轮转动。两轮的轮齿脱离啮合后,从动轮即停歇不动。

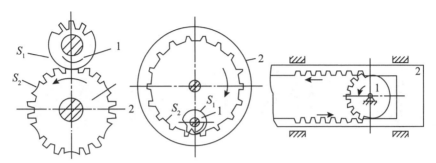

(a)外啮合不完全齿轮机构　(b)内啮合不完全齿轮机构　　　(c)不完全齿轮齿条机构

图 4-67　不完全齿轮机构的类型

4.8　课程作业

请选取一件可动的玩具,拆解并绘制机构简图。

第 5 章

CHAPTER 5

计算机辅助结构设计

5.1　概　述

随着工业设计学科和信息技术的发展,计算机辅助工业设计(Computer Aided Industry Design,CAID)正以全新的面貌发挥着越来越大的作用。计算机辅助设计(Computer Aided Design,CAD)的概念最初是由麻省理工学院(MIT)于 20 世纪 60 年代提出。CAD 的目的是在生产样机之前创造出数字模型,这种方法的最大好处是数字模型可以被继续发展,并能用各种媒体进行表现。20 世纪 70 年代末,以 32 位的工程工作站为基础,CAD 系统得到了迅速的发展,比较流行的有 PTC 公司的 Pro/ENGINEER、IBM 公司的 CATIA、EDS 公司的 UG-2、SDRC 公司的 I-DEAS。20 世纪 90 年代的 CAD 技术继续沿着集成化、标准化、智能化的方向发展。另一方面,多媒体技术与虚拟现实技术在 CAD 中的应用将在设计师和计算机之间创造一个崭新的人机界面。

就产品设计的一般流程而言,计算机辅助设计参与其中的主要环节在于:①市场调研的统计及分析、②二三维概念表现阶段(形态分析和制作)、③数模设计阶段(细节设计与修改:材料、色彩分析、结构分析等;各种技术性检测:人机关系模拟分析、受力分析等)、④设计交付阶段(模具制造),如图 5-1 所示。

数字模型的构建是工业产品设计过程中非常重要的环节。产品手绘草图毕竟是二维图像的呈现,有些产品造型通过建模以三维形式呈现出

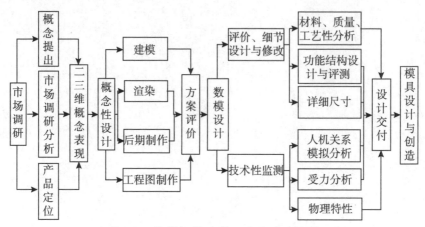

图 5-1　计算机辅助产品设计的流程图

的效果未必有设计师当初想象得那么理想,一边构建产品数模一边推敲产品造型和设计细节也是很多设计师通常采用的工作方式。同时,由于大多数工业产品设计的最终目标都是要量产上市,并且现代产品生产大多采用数字化制造的方式,如果能将位于前端的设计和位于后端的加工制造通过软件有机地结合起来,不仅能够大大提升项目整体效率,也可以确保产品设计的一致性,避免在生产环节由于工艺问题引发设计变更。

　　计算机辅助设计的常用软件大致可分为二维平面设计软件和三维建模软件。三维建模软件可分为 CAID 软件和 CAD 软件。二维平面设计软件包括 Photoshop、CorelDraw、Illustrator 等。二维软件特别适合设计的初级阶段,不仅能缩短决策过程,在绘制设计细节方面也颇让人信服。Photoshop 可制作用于三维模型的贴图,也可以为渲染图作后期处理,更可以直接绘制概念设计的效果图。CAID 软件如 Alias、Rhino、3DS MAX 等。这类软件具有很强的建模、渲染功能,能够轻易获得真实图形和动态模拟效果。然而,某些软件,如 Rhino 无参数化功能,方案不易实现反复修改,因此此类软件通常运用在三维概念表现阶段。CAD 软件如 Pro/E、CATIA、UG、SolidWorks、SolidEdge 等,也称为工程软件,站在系统工程的角度进行三维设计,因此功能强大,不仅可实现与后续的工程制造系统的良好衔接,而且具有参数化功能,能够对方案进行反复修改,为产品开发后期的细节设计、结构设计奠定了良好基础。这种设计软件通常在数模设计阶段采用。

在产品设计建模软件的选择上，建议直接选择工程级建模软件如CATIA、Pro-E、UG NX、SolidWorks 作为学习和使用的对象。因为首先，比较初级的产品建模软件如 3Ds Max、Rhino，在建模效率、建模精度以及修改效率方面与工程软件相比劣势明显。其次，在企业中，产品设计师往往不仅负责产品造型设计的工作，通常还负责产品的结构、机构设计，造型设计方案在确定以前必然要经过多次修改，由初级建模软件如Rhino 建立的模型由于没有特征和参数，难以快速修改，而且在后续的产品结构设计时由于缺乏必要的专门工具，导致结构设计实现困难。另外，目前主流的工程建模软件功能已经十分完善，除了实体建模，曲面建模功能也十分强大，数模检测、分析的工具种类繁多，加上装配、仿真功能，初级建模软件根本无法与之相比。

能顺利应用于开展计算机辅助结构设计的软件主要指代工程级建模软件。现代 CAD 系统中采用了许多先进的设计思想和技术，从而大大提高了设计效率。在设计中经常使用的有如下一些方面：

（1）基于特征的参数化设计。在设计过程中，用户可以通过定义约束模型形状的参数，来改变模型的几何形状。还可以通过约束管理以确保设计模型的各部分具有正确的用户拟定关系。

（2）草图器功能。草图器功能允许用户在设计绘图中首先进行草图设计，即不必关心线段连接是否正确，线段是否水平或垂直，只需在草图上标出重要尺寸，系统会自动作出相应的调整，这使得设计师在概念设计阶段能集中精力于全局而不是细节；NURBS 即非均匀有理 B 样条曲线，它在 CAD 中用来定义复杂的几何曲面。运用 NURBS 技术可使得系统在描述自由曲线、曲面以及精确的二次曲线、曲面时得到统一的算法和表示方式。用 NURBS 技术构造的曲面易于生成、修改和存储，提高了CAD 系统构造和编辑曲面的能力。

（3）相关性设计。相关性设计指开发过程中，使用者在任何时候所作的变更，都会扩展到这个设计中，自动更新所有的工程文件，如组件、图档和制造资料。相关性设计鼓励用户在开发周期的任何一点进行设计变更作业，既没有损失，也使得设计流程中的下游单位可更早贡献他们的知识和专业经验，从而有助于实现同步工程和跨平台的数据共享。由于在设计过程中运用了多种 CAID 技术,必然会发生一些衔接、标准和兼容的问题。CAID 在进行几何数据交换时,可以利用软件中的几何数据交换模块,将其他 CAD 数据转换成中性数据,然后将中性数据通过几何数据交换模块转换成所需要的数据,实现不同软件间跨平台数据共享。

主流的计算机辅助结构设计软件主要包括:

(1) Pro/Engineer 操作软件是美国参数技术公司(PTC)旗下的 CAD/CAM/CAE 一体化的三维软件。Pro/Engineer 软件以参数化著称,是参数化技术的最早应用者,在三维造型软件领域中占有着重要地位。Pro/Engineer 作为当今世界机械 CAD/CAE/CAM 领域的新标准而得到业界的认可和推广,是现今主流的 CAD/CAM/CAE 软件之一,特别是在国内产品设计领域占据重要位置。

(2)SolidWorks 是达索系统下的子公司。SolidWorks 软件是世界上第一个基于 Windows 开发的三维 CAD 系统,由于技术创新符合 CAD 技术的发展潮流和趋势,SolidWorks 公司于两年间成为 CAD/CAM 产业中获利最高的公司。SolidWorks 所遵循的易用、稳定和创新三大原则得到了全面的落实和证明,使用它,设计师大大缩短了设计时间,将产品快速、高效地投向了市场。

(3)UG(Unigraphics NX)是 Siemens PLM Software 公司出品的一个产品工程解决方案,它为用户的产品设计及加工过程提供了数字化造型和验证手段。UG 是集计算机辅助设计、计算机辅助制造、计算机辅助分析功能于一体的半参数化软件集成系统。

(4)CATIA 是法国达索公司的产品开发旗舰解决方案。作为 PLM 协同解决方案的一个重要组成部分,它可以通过建模帮助制造厂商设计他们未来的产品,并支持从项目前阶段、具体的设计、分析、模拟、组装到维护在内的全部工业设计流程。

本书主要以 SolidWorks 为介绍对象,因为其交互界面简单明了,操作逻辑较为清晰,曲面构建及动态仿真功能强大,有限元分析、拓展能力出色。对工业设计初学者来说,该软件学习起来比较容易,完全能够满足产品造型与结构设计的需要,与实际的设计、生产工作可以实现无缝对接。

5.2　SolidWorks 基本介绍

　　SolidWorks 是达索公司开发的一款 3D 机械设计软件,它因为性能优越,易学易用,价格适中的特点很快受到了大众的欢迎。SolidWorks可以极大限度地释放机械、模具、消费品设计师们的创造力,使他们可以轻松设计出更好、更有吸引力、更有创造力的产品。它采用了非全约束的特征建模技术,使设计师可以在设计过程中的任何阶段修改设计,同时牵动相关部分的改变。完整的机械设计软件包为设计师提供了必备的设计工具,包括零件设计、装配设计和工程制图三个模块。

5.3　SolidWorks 塑料产品建模示例

5.3.1　外观模型的创建

本示例视频　模型下载

　　(1)导入 Rhino 外观模型。点击【文件】→【打开】,导入 Rhino 外观模型文件,将文件保存为"剃须刀外观模型"。

　　(2)模型倒角。点击【特征】→【圆角】,选择最底端边线,设置底面倒角为 4mm,点击【确定】。选择最顶端边线,设置顶面倒角为 2mm,点击【确定】,如图 5-2 所示。

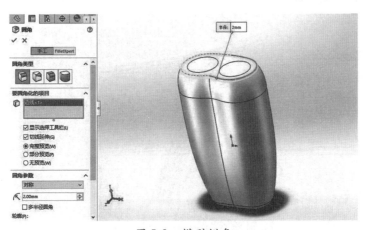

图 5-2　模型倒角

（3）制作分件曲面。点击【草图】→【草图绘制】→【直线】选择前视基准面和右视基准面为草图基准平面，分别绘制所需线条。点击【曲面】→【拉伸曲面】对所绘两个草图进行拉伸，如图 5-3 所示。

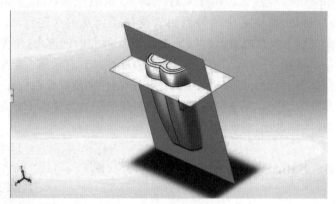

图 5-3　制作分件曲面

5.3.2　前壳组件的创建

（1）切除零件多余部分。点击【新建】→【零件】，将文件另存为"剃须刀前壳组件"，点击【插入】→【零件】，选择之前建立的外观模型，将外观模型插入软件中。使用【曲面】→【曲面切除】选择零件多余部分，将多余部分切除，切除完如图 5-4 所示。

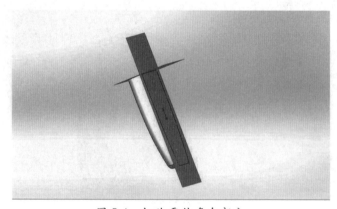

图 5-4　切除零件多余部分

（2）抽壳。点击【特征】→【抽壳】，选择模型内侧两个面，抽壳厚度为1mm，如图 5-5 所示。

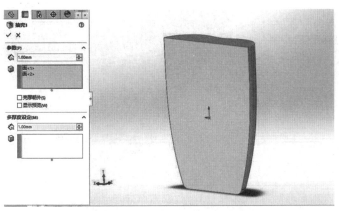

图 5-5　抽壳

（3）建立基准面。点击【特征】→【参考几何体】→【基准轴】，选择前视基准面和上视基准面建立一个基准轴。点击【特征】→【参考几何体】→【基准面】，第一参考为新建的基准轴，第二参考为前视基准面，角度为5°，新建基准面 5。如图 5-6 所示。点击【特征】→【参考几何体】→【基准面】，以上一个建立的基准面为参考，向零件内侧偏移 6mm，再新建一个基准面 6，如图 5-7 所示。

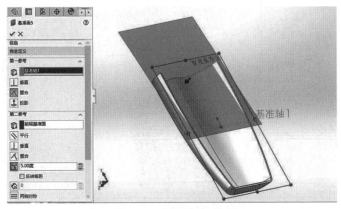

图 5-6　建立基准面 5

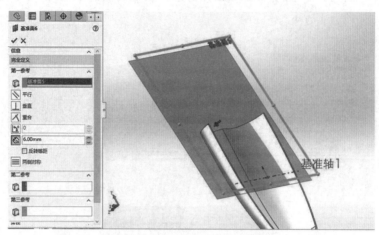

图 5-7　建立基准面 6

　　(4)制作分型曲面。点击【草图】→【草图绘制】,选择新创建的基准面 6 为基准面,在草图中绘制倒角矩形长 45mm,宽 22mm,倒角为 2mm,距离零件上端 32mm 的矩形,如图 5-8 所示。然后使用【曲面】→【拉伸曲面】命令拉伸创建的草图,使曲面完全穿过模型,如图 5-9 所示。作为该零件的分型曲面。

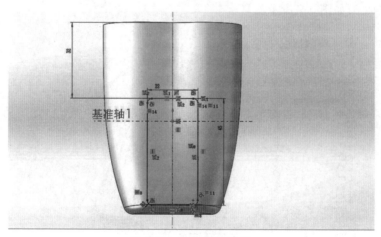

图 5-8　分型曲面草图

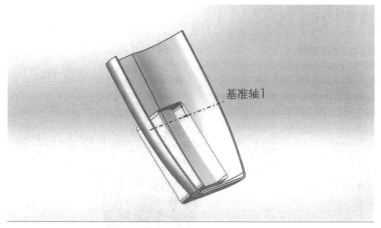

图 5-9　制作分型曲面

5.3.3　后壳组件的创建

（1）切除零件多余部分。点击【新建】→【零件】，将文件另存为"剃须刀后壳组件"，点击【插入】→【零件】，选择之前建立的外观模型，将外观模型插入到软件中。使用【曲面】→【曲面切除】选择零件多余部分，将多余部分切除，切除完的零件如图 5-10 所示。

图 5-10　切除零件多余部分

（2）抽壳。点击【特征】→【抽壳】，选择模型内侧两个面，抽壳厚度为1mm，如图5-11所示。

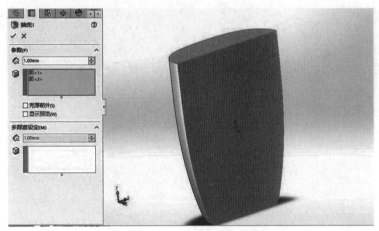

图5-11　抽壳

（3）新建基准面。点击【特征】→【参考几何体】→【基准面】，以前视基准面为参考，向 z 轴反方向偏移30mm，建立基准面5，如图5-12所示。

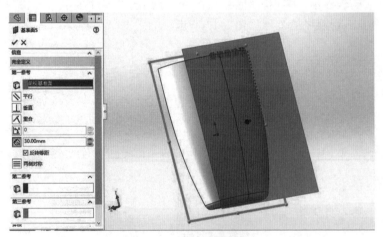

图5-12　建立基准面5

（4）等距曲面。点击【曲面】→【等距曲面】，选择外壳面，等距方向向外，等距距离为0.5mm。如图5-13所示。

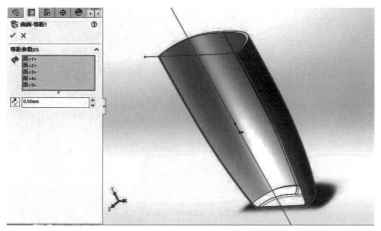

图 5-13　等距曲面

（5）制作凸台。点击【草图】→【草图绘制】，在新建立的参考面 5 上绘制倒角矩形，长 30mm，宽 25mm，倒角为 5mm，距离零件上端 2mm，如图 5-14 所示。使用【特征】→【拉伸凸台】命令将草图拉伸为凸台。使用上一步等距生成的曲面把多余的凸台部分切除，如图 5-15 所示。

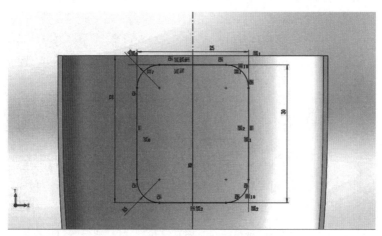

图 5-14　绘制倒角矩形

（6）制作分型曲面。使用新建的基准面绘制草图，圆角矩形长

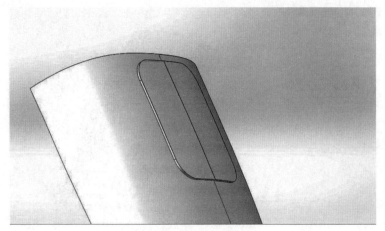

图 5-15　制作凸台

25mm,宽 22.4mm,圆角 4mm,距离零件上端 3.5mm,如图 5-16 所示,点击【曲面】→【曲面拉伸】选择绘制的草图,拉伸生成曲面并穿过零件。使用【等距曲面】命令把等距生成的曲面向 z 轴方向偏移 1mm。点击【曲面】→【剪裁曲面】命令,选择拉伸生成的曲面和等距生成的曲面,把两个曲面多余的部分减裁掉,留下曲面如图 5-17 所示。

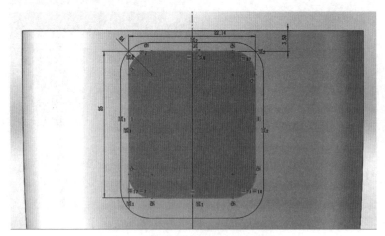

图 5-16　制作分型曲面的草图

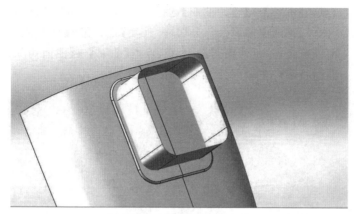

图 5-17　减裁留下的曲面

5.3.4　前壳的创建

（1）创建前壳文件。点击【新建】→【装配体】，文件另存为"剃须刀装配体"，选择【插入零部件】→【新零件】，建立新的零件文件，将文件另存为"剃须刀前壳"。进入零件，点击【插入】，选择前壳组件，点击【曲面】→【等距曲面】，选择零件外表面，等距距离 0mm 生成等距曲面 1，再点击【曲面】→【曲面切除】，选择分型曲面把电池盖区域切除，如图 5-18 所示。

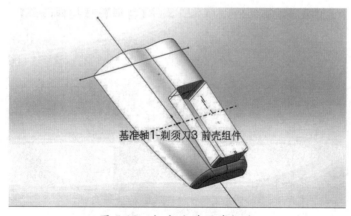

基准轴1-剃须刀3 前壳组件

图 5-18　把电池盖区域切除

（2）制作止口。点击【曲面】→【等距曲面】选择零件分型面，向下等距

0.5mm,再点击【曲面】→【等距曲面】选择零件内表面,向外等距 0.5mm,使用【剪裁曲面】把两曲面多余部分切除,使用【曲面】→【延伸曲面】将剪裁后的曲面进行延伸,延伸距离选 1mm,点击【曲面】→【曲面切除】,使用延伸后的曲面将零件多余部分切除,如图 5-19 所示。

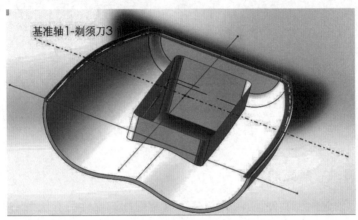

基准轴1-剃须刀3

图 5-19　制作止口

点击【草图】→【草图绘制】,选择上端分型面为草图基准面,在分型面上建立草图,点击【草图】→【等距实体】,选择内表面的线,向内等距 0.5mm。点击【草图】→【转换实体引用】转换内表面的线和分型面的线,形成一个封闭图形,如图 5-20 所示。点击【特征】→【拉伸凸台】,将草图

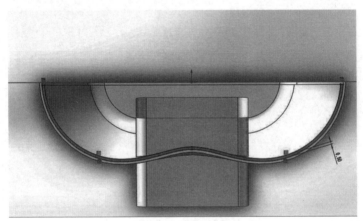

图 5-20　制作草图

向外拉伸为 0.5mm 的凸台。

（3）制作电池仓。点击【特征】→【拉伸凸台】，选择前壳组件中电池盖分型面的草图，使用薄壁拉伸，壁厚向内，厚度 0.5mm，拉伸为 0.5mm 厚的凸台，如图 5-21 所示。点击【曲面】→【曲面切除】，使用步骤（1）中等距的曲面 1 把多余的凸台拉伸切除。切除后点击【曲面】→【等距曲面】，把曲面 1 向内偏移 1mm 生成曲面 4。再次点击【特征】→【拉伸凸台】，拉伸电池盖分型面草图，薄壁壁厚向内，厚度为 0.5mm，终止条件选择偏移后的曲面 4，如图 5-22 所示。

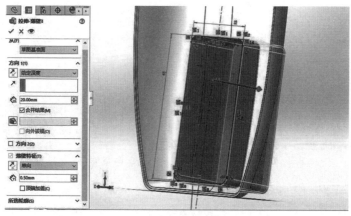

图 5-21 制作电池仓外壁

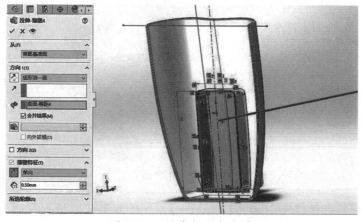

图 5-22 制作电池仓内壁

　　点击【特征】→【拉伸凸台】,选择电池仓分型面草图,向内拉伸出电池仓的底,底部厚度为 0.5mm。接下来绘制电池仓内部结构,点击【参考几何体】→【创建基准面】,在电池仓中部创建一个基准面,在基准面上绘制草图,如图 5-23 所示。点击【特征】→【拉伸凸台】命令,命令中的方向 1 和方向 2 终止条件都选择成型到下一面,如图 5-24 所示。

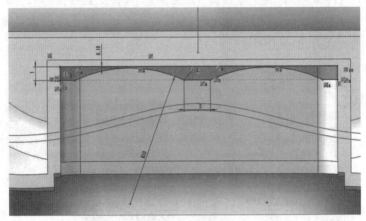

图 5-23　制作电池仓截面草图

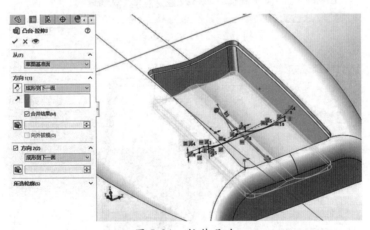

图 5-24　拉伸凸台

　　(4)制作加强筋。点击【草图】→【草图绘制】,以电池仓背面为参考面,绘制加强筋,厚度为 0.5mm,如图 5-25 所示,点击【特征】→【拉伸凸台】,终止条件选择成型到实体,制作出一侧的加强筋,选择【特征】→【镜像】,选择右视基准面作为镜像面,将创建好的加强筋镜像复制到另一边。

(5)在电池仓上绘制孔。点击【草图】→【草图绘制】,选电池仓底面为基准面,绘制一个长 3mm,宽 1mm,距离中心线 2.5mm 的矩形,使用【特征】→【拉伸凸台】将草图拉伸为一个 4mm 高的凸台,再点击【特征】→【拉伸切除】,选择凸台顶面为基准面,绘制如图 5-26 所示的草图,终止条件为完全贯穿,完成孔的绘制。最后同样镜像到另一侧。

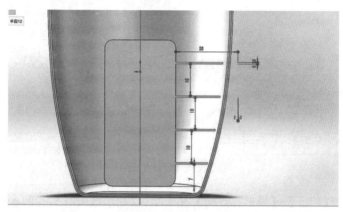

图 5-25　制作加强筋

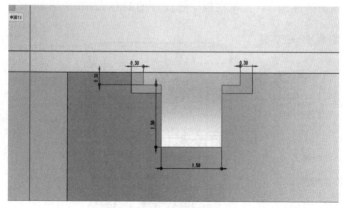

图 5-26　绘制草图

(6)绘制螺纹柱。点击【草图】→【草图绘制】,选择前壳组件的基准面 5 作为草图平面,绘制一个长 50.32mm,宽 40mm,距离上边缘 15mm 的矩形作为定位,在矩形的四个点上分别画四个直径 4mm 的圆,使用【特征】→【拉伸凸台】拉伸草图,终止条件为成型到下一面,同时选择向外拔模为 2°,如图 5-27 所示。点击【特征】→【参考几何体】→【基准面】,第一参考为基准面 5,向 z 轴方向偏移 20mm 形成基准面 11。

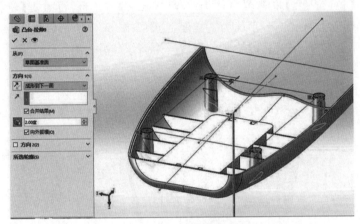

图 5-27　绘制螺纹柱

选择【特征】→【异形孔导向】,孔类型为【柱形沉头孔】,孔的参数为:孔直径 3mm,沉头直径 4mm,沉头深度 15mm,终止条件为完全贯穿,孔的参考面选择在基准面 11,定位在四个螺纹柱的圆心,如图 5-28 所示。

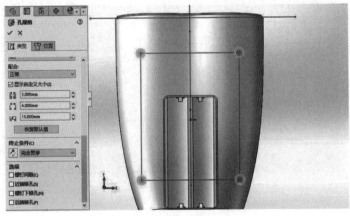

图 5-28　打孔

（7）制作电池盖插孔。点击【特征】→【拉伸切除】，选择电池仓前侧面绘制一个长 1mm，宽 0.5mm，紧贴两边圆角面和上边线的孔，拉伸切除，终止条件为完全贯穿，然后镜像到另一边，如图 5-29 所示。

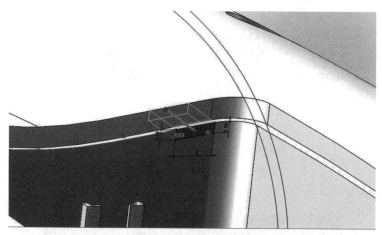

图 5-29　制作电池盖插孔

5.3.5　电池盖的创建

（1）创建电池盖插骨。点击【插入零部件】→【新零件】，另存为"剃须刀电池盖"，进入零件，插入前壳组件，利用分型曲面把其他区域切除，留下电池盖，点击【草图】→【草图绘制】，选择电池盖前端面作为基准面，绘制长 1mm，宽 0.5mm，紧贴边缘圆角面的矩形，使用【特征】→【拉伸凸台】对其两面进行拉伸，向外拉伸 1mm，向内拉伸 2mm，使用倒角命令对其后端进行 1mm 的倒角，如图 5-30 所示。之后镜像复制到另一侧。

（2）绘制图案凸起。点击【曲面】→【等距曲面】，选择电池盖背面，向外做一个 0.2mm 的等距曲面，点击【特征】→【参考几何体】→【基准面】，选择前壳组件基准面 6 为第一参考，向 z 轴方向偏移 20mm 生成基准面 10。点击【草图】→【草图绘制】，在基准面 10 上进行图案绘制，如图 5-31 所示，点击【特征】→【拉伸凸台】，终止条件为成型到下一面，点击【曲面】→【曲面切除】，使用等距的曲面切除多余的拉伸部分，如图 5-32 所示。

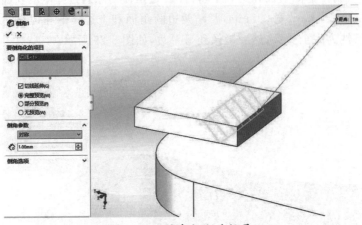

图 5-30　创建电池盖插骨

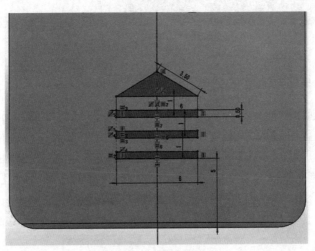

图 5-31　绘制图案草图

(3)制作翻盖结构。点击【曲面】→【等距曲面】选择零件的底面,向内偏移 0.8mm,点击【草图】→【草图绘制】在基准面 10 上绘制一个弧形,使用【曲面】→【拉伸曲面】进行拉伸,拉伸穿过零件,使用【曲面】→【剪裁曲面】把多余部分剪裁掉,如图 5-33 所示。使用【曲面】→【曲面切除】切除零件多余的部分,如图 5-34 所示。

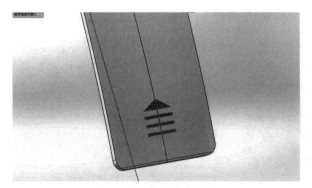

图 5-32　绘制图案凸起

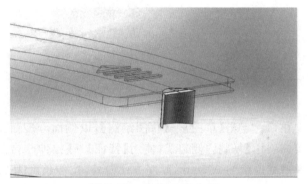

图 5-33　剪裁后的曲面

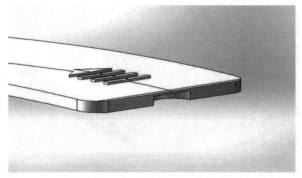

图 5-34　切除零件多余的部分

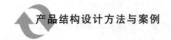

5.3.6 后壳的创建

（1）制作开关槽。选择【插入零部件】→【新零件】，另存为"剃须刀后壳"，进入零件，插入后壳组件，点击【曲面】→【曲面切除】，选择分型曲面把开关区域切除，图 5-35 所示。

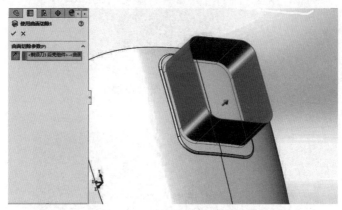

图 5-35　把开关区域切除

（2）制作止口。点击【草图】→【草图绘制】，以侧面分型面为基准面，点击【转换实体引用】复制内侧边线，使用【特征】→【拉伸凸台】拉伸创建的草图，选择薄壁厚度为 0.5mm，厚度方向向外，拉伸长度为 0.5mm，如图 5-36 所示。再以同样的方法制作上端止口。

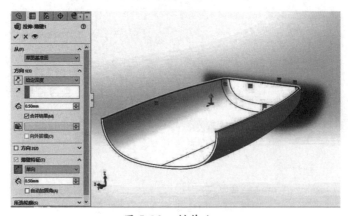

图 5-36　制作止口

（3）制作开关孔。点击【草图】→【草图绘制】，以前视基准面为草图平面，绘制一个长 20mm，宽 12mm，距离上端 6.44mm 的矩形，使用【拉伸凸台】，等距设为 17mm，方向为朝向壳的方向，终止条件为成型到下一面，完成凸台创建，如图 5-37 所示。点击【草图】→【草图绘制】，以生成的凸台平面作为草图平面，绘制草图如图 5-38 所示，使用【特征】→【拉伸切除】切除相关区域，终止条件为完全贯穿。

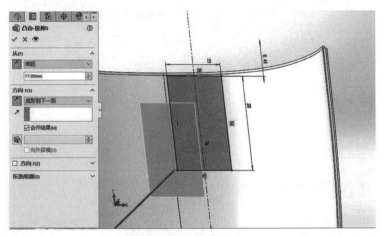

图 5-37　创建凸台

（4）制作螺纹柱。点击【特征】→【参考几何体】→【基准轴】，以上视基准面和前视基准面创建一个基准轴。点击【特征】→【参考几何体】→【基准面】，以新建立的基准轴为第一参考，以前视基准面为第二参考，角度为 5°，新建基准面 9。回到装配体中，点击【草图】→【草图绘制】，以基准面 9 为参考面，以前壳的螺纹柱的位置为基准，再次绘制四个直径 4mm 的圆，点击【特征】→【拉伸凸台】，将草图拉伸为四个圆柱，同时选择向外拔模 2°，如图 5-39 所示。

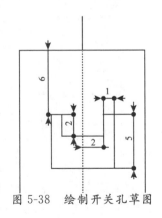

图 5-38　绘制开关孔草图

选择【特征】→【异性孔导向】→【直螺纹孔】，大小为 M3，孔深度为 6.5mm，螺纹线深度为 4mm，在四个螺纹柱圆心打孔，如图 5-40 所示。

127

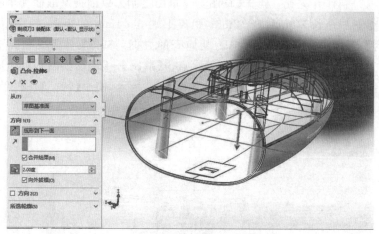

图 5-39   制作螺纹柱

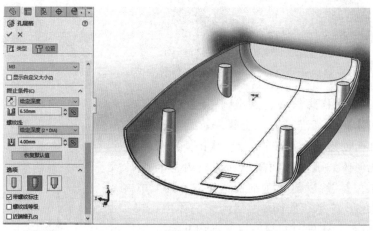

图 5-40   在螺纹柱圆心打孔

（5）制作加强筋。点击【特征】→【拉伸凸台】，以基准面 9 为参考面，绘制筋，厚度为 0.5mm。拉伸时起始点朝向壳的方向等距 8mm，终止条件为成型到下一面，如图 5-41 所示。完成后使用【特征】→【镜像】复制到另一侧，如图 5-42 所示。

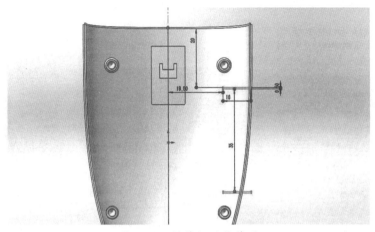

图 5-41　制作加强筋草图

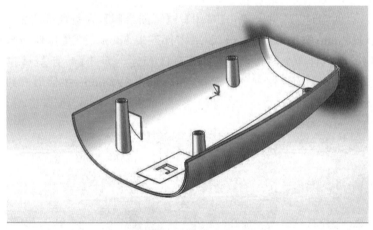

图 5-42　镜像复制

5.3.7　电源开关的创建

（1）创建开关本体。选择【插入零部件】→【新零件】，另存为"剃须刀电源开关"。进入零件，插入后壳组件，点击【曲面】→【曲面切除】，使用分型曲面把其他区域切除，留下电源开关部分。点击【草图】→【草图绘制】，在后壳组件的基准面 5 上绘制草图，如图 5-43 所示，对草图使用【特征】

→【拉伸切除】,选择反侧切除,切掉其余部分。

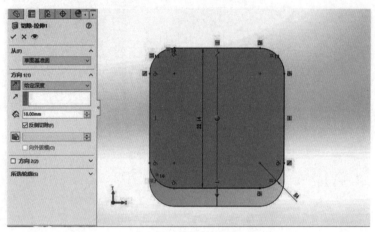

图 5-43　反侧切除

(2)创建开关卡扣。点击【草图】→【草图绘制】,在前视基准面上绘制两个长 2mm,宽 1mm 的矩形,距离零件下端 8mm,使用【拉伸凸台】,等距 15mm,拉伸两个矩形凸台,如图 5-44 所示。点击【特征】→【拉伸凸台】选择凸台侧面绘制三角形卡扣,扣合量为 1.26mm,拉伸形成到下一面,如图 5-45 所示。

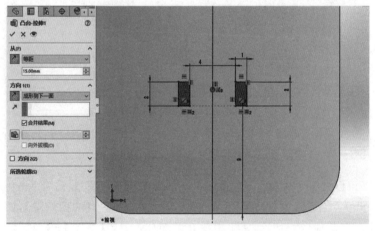

图 5-44　拉伸两个矩形凸台

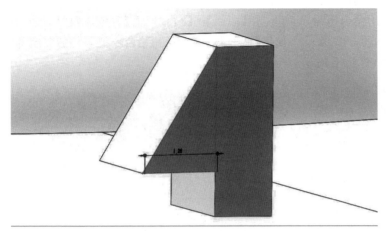

图 5-45　绘制三角形卡扣

5.3.8　刀头盖的创建

（1）抽壳。选择【插入零部件】→【新零件】，另存为"剃须刀刀头盖"，进入零件，插入外观模型，点击【曲面】→【曲面切除】，使用分型曲面把其他区域切除，留下刀头盖部分，使用【特征】→【抽壳】命令对零件底面进行抽壳，抽壳厚度为 1mm，如图 5-46 所示。

图 5-46　对零件底面进行抽壳

（2）制作止口。点击【曲面】→【等距曲面】，把零件分型面,内表面分别使用向内等距0.5mm,用【曲面】→【剪裁曲面】剪裁掉两曲面多余的部分,如图5-47所示。使用【曲面】→【曲面切除】命令把零件的多余部分切除,如图5-48所示。

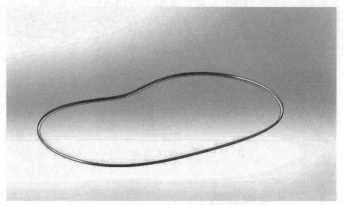

图 5-47　剪裁后的曲面

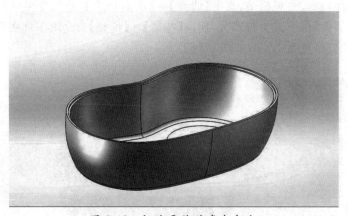

图 5-48　切除零件的多余部分

点击【草图】→【草图绘制】选择回零件顶面为参考面,绘制草图,点击【转换实体引用】复制两个圆形,使用【特征】→【拉伸切除】,终止条件为完全贯穿,拉伸形成刀口。如图5-49所示。

完成剃须刀模型的创建。如图5-50所示。

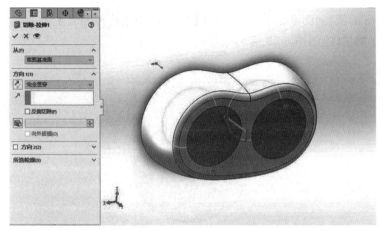

图 5-49　绘制刀口

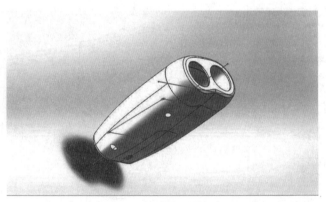

图 5-50　剃须刀模型

5.4　SolidWorks 钣金产品建模示例

本示例视频　模型下载

5.4.1　成型工具的创建

（1）新建文件。选择【新建】→【零件】命令，建立一个新零件，另存为"成型工具"。

（2）创建零件。点击【草图】→【草图绘制】，在前视基准面上绘制直径20mm 的圆，如图 5-51 所示。选择【特征】里的【拉伸凸台】，拉伸为厚度5mm 的实体，如图 5-52 所示。

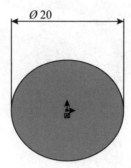

图 5-51　绘制草图

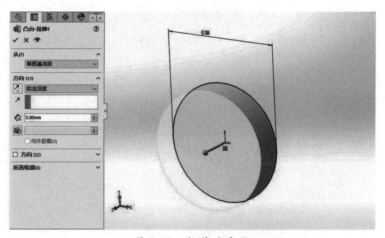

图 5-52　拉伸为实体

点击【草图】→【草图绘制】，在上视图中绘制一个直径 2mm 的圆，距离中心 6mm，然后选择【特征】→【旋转凸台】旋转成型，角度为 360°。如图 5-53 所示。

点击【特征】→【圆角】，把两条边线倒 1mm 的圆角。如图 5-54 所示。

（3）保存为成型工具。点击【钣金】→【成型工具】，选择顶面为停止面。如图 5-55 所示。

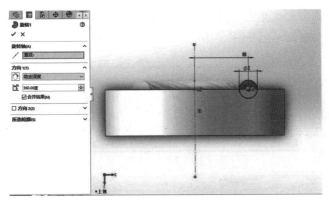

图 5-53　旋转凸台

图 5-54　倒圆角

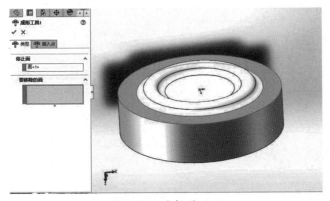

图 5-55　选择停止面

把文件另存到电脑里的设计库里,保存为 Form Tool 格式,这样就可以在之后直接进行调用。如图 5-56 所示。

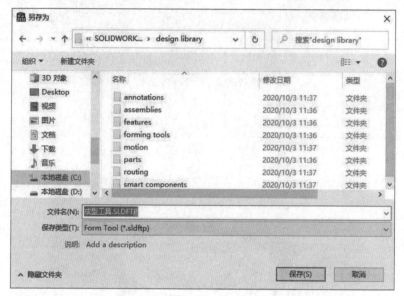

图 5-56　把文件存到设计库

5.4.2　夹片的创建

(1)绘制基本形状。新建零件,点击【草图】→【草图绘制】,在前视基准面绘制草图,绘制出夹片的基本形状,如图 5-57 所示。

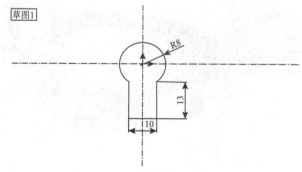

图 5-57　绘制夹片的基本形状

选择【钣金】→【基体法兰】，选择绘制的草图，厚度设为 0.5mm，折弯系数为 k 因子 0.4。如图 5-58 所示。

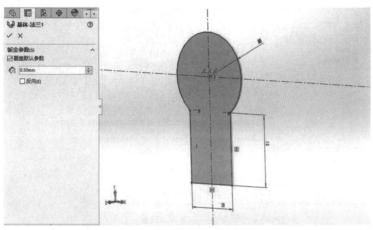

图 5-58　创建基体法兰

（2）添加成型工具。选择 SolidWorks 设计库，选择存好的成型工具，拖动到基体法兰上。如图 5-59 所示。

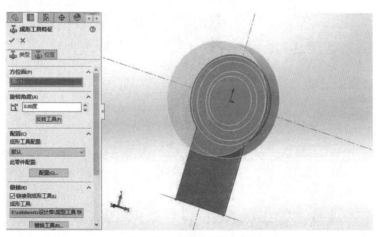

图 5-59　添加成型工具

（3）制作其他折弯结构。点击【草图】→【草图绘制】，以零件表面为基准面，绘制长 45mm，宽 1mm 的矩形，再选择【钣金】→【基体法兰】生成厚度为 0.5mm 的薄片。如图 5-60 所示。

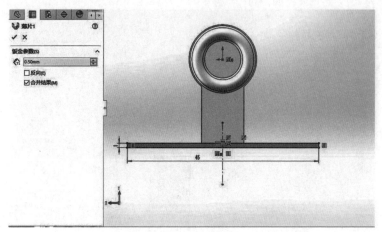

图 5-60　生成薄片

点击【钣金】→【斜接法兰】,选择新创建的薄片的外侧边线,在基准面上绘制草图,如图 5-61 所示。缝隙距离选 3mm,生成斜接法兰。如图5-62所示。

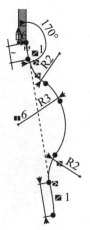

图 5-61　绘制斜接法兰的草图

点击【钣金】→【边线法兰】,选择夹子的一条侧边,然后选择【编辑草图】,删掉草图,重新绘制草图。如图 5-63 所示。

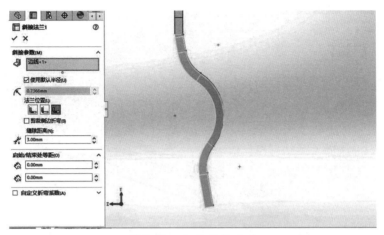

图 5-62　生成斜接法兰

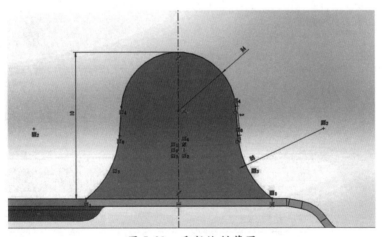

图 5-63　重新绘制草图

利用【特征】→【镜像】把边线法兰镜像到另一侧。如图 5-64 所示。

利用【特征】→【拉伸切除】给夹子倒角，半径为 1.5mm，如图 5-65 所示，同样再使用【特征】→【镜像】复制到另一侧。

利用【特征】→【拉伸切除】给夹子打孔，直径为 1.5mm，位置位于圆心位置。如图 5-66 所示。

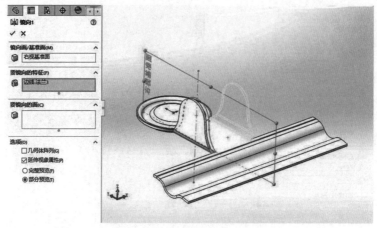

图 5-64 镜像边线法兰

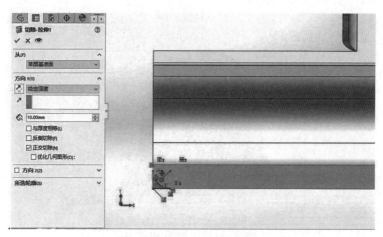

图 5-65 切除尖角

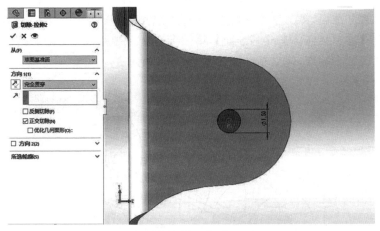

图 5-66　打孔

5.4.3　弹簧的创建

（1）绘制螺旋线。点击【新建】→【零件】，保存文件为"弹簧"。点击【草图】→【草图绘制】，在前视基准面绘制一个直径为 2mm 的圆，选择【插入】→【曲线】→【螺旋线】，选择螺距为 1.5mm，圈数为 5.75，起始角度为 0，创建螺旋线，如图 5-67 所示。

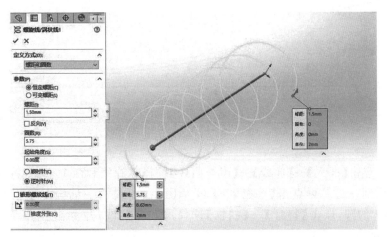

图 5-67　绘制螺旋线

（2）建立参考面。选择【特征】→【参考几何体】→【基准面】，第一参考为上视基准面，第二参考选螺旋线一个端点，建立基准面 1，再次选择【特征】→【参考几何体】→【基准面】，第一参考选右视基准面，第二参考选螺旋线第二个端点，建立基准面 2，如图 5-68 所示。

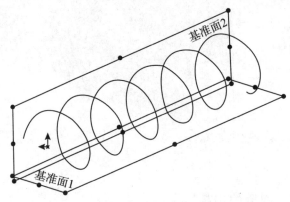

图 5-68　建立参考面

（3）创建弹簧。在两个基准面分别画弹簧直线的部分，长度为 16.7mm，半径为 1.5mm。如图 5-69 所示。

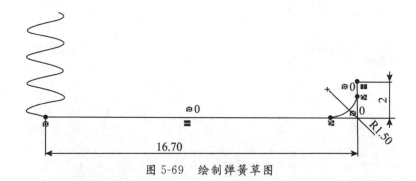

图 5-69　绘制弹簧草图

点击【插入】→【曲线】→【组合曲线】选择螺旋线和两个草图，将它们组合到一起。再点击【草图】→【3d 草图】在曲线的一端画一个直径为 1mm 的圆，点击【特征】→【扫描】选择圆和螺旋线，建立出弹簧。如图 5-70 所示。

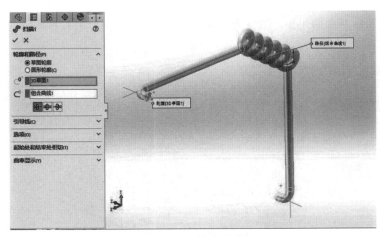

图 5-70　创建弹簧

　　(4)创建基准轴。点击【特征】→【参考几何体】→【基准轴】,选择上视基准面和右视基准面来建立基准轴 1。如图 5-71 所示。

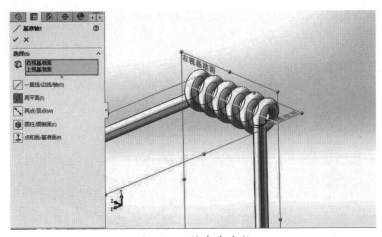

图 5-71　创建基准轴

5.4.4　零件的装配

　　(1)拼合夹片。接下来我们对零件进行装配,选择【新建】→【装配体】,把零件导入,另存为"夹子装配体"。使用【装配体】→【配合】命令,选择两个夹片的孔,选择【同轴心】→【反向配合】,点击【确定】;再点击两夹片边线法兰的两个面,选择【重合】,点击【确定】,使两个夹片拼到一起,如图 5-72 所示。

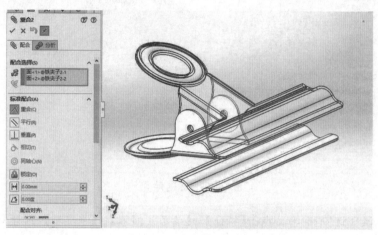

图 5-72 对准孔的圆心

再点击两个夹片的下边线,使用【重合】,使夹子闭合在一起。如图 5-73 所示。

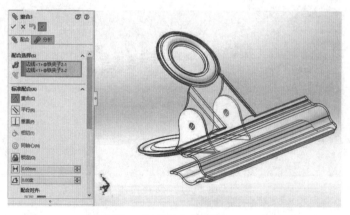

图 5-73 夹片下边线重合

(2)创建轴。选择【插入零部件】→【新零件】,点击【草图】→【草图绘制】,以夹子侧面为基准面创建草图,使用【特征】→【转换实体引用】,选择夹片侧孔的边线,获得一个与孔大小一致的圆,然后使用【特征】→【拉伸凸台】,选择成型到夹子的另一面,点击【确定】。如图 5-74 所示。再点击【特征】→【拉伸凸台】,在轴的两侧添加销钉来加以固定,如图 5-75 所示。

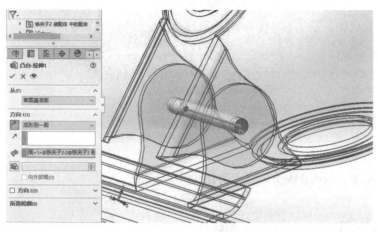

图 5-74　创建轴

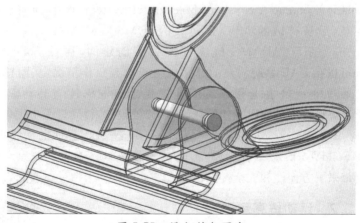

图 5-75　添加销钉固定

(3)装配弹簧。接下来装配弹簧,选择【装配体】→【装配】,点击弹簧中的基准轴 1 和轴的圆柱面,选择【同轴心】,点击【确定】。最后选择弹簧末端边线,选择夹片,点击【重合】,点击确定完成装配,如图 5-76 所示。

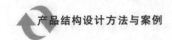

图 5-76　完成装配

5.5　SolidWorks 运动仿真

5.5.1　SolidWorks 介绍

美国 MDI（Mechanical DynamicsInc Inc.）最早开发了 ADAMS（Automatic Dynamic Analysis of Mechanical System）软件，应用于虚拟仿真领域，后被美国的 MSC 公司收购为 MSC. ADAMS. SolidWorks Motion 正是基于 ADAMS 解决方案引擎创建的，通过 SolidWorks Motion可以在 CAD 系统构建的原型机上查看其工作情况，从而检测设计的结果，如电机尺寸、连接方式、压力过载、凸轮轮廓、齿轮传动率、运动零件干涉等设计中可能出现的问题，进而修改设计，得到进一步优化的结果，同时，SolidWorks Motion 用户界面是 SolidWorks 界面的无缝扩展，它使用 SolidWorks 数据存储库，不需要 SolidWorks 数据的复制/导出，给用户带来了方便性和安全性。

本示例视频　模型下载

5.5.2　运动仿真示例

（1）建立运动算例。打开"雨刷"装配体，如图 5-77 所示。

点击【运动算例】→【马达】，选择曲柄的圆形边线，方向为顺时针，运动为等速运动，速度为 30rpm，点击确定，如图 5-78 所示。

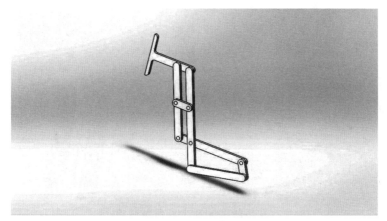

图 5-77　打开装配体

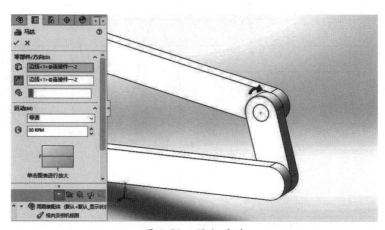

图 5-78　添加马达

（2）生成图解。点击【SolidWorks 插件】→【SolidWorksmotion】激活
运动插件，再点击【运动算例】→【结果和图解】，设置＜选择类别＞为"位
移/速度/加速度"，＜选择子类别＞为"线性位移"，＜结果分量＞为"x 分
量"，零件选择雨刷前端面，如图 5-79 所示，点击确定，生成图解一。

再进行两次结果生成，将＜选择子类别＞分别改为"线性速度"和"线
性加速度"，其他参数不变，生成另外两个图解，从上到下分别为位移、速
度、加速度的图解，如图 5-80、图 5-81、图 5-82 所示。

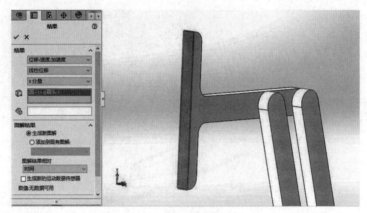

图 5-79　选择生成图解的面

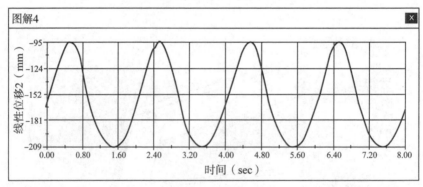

图 5-80　位移的图解

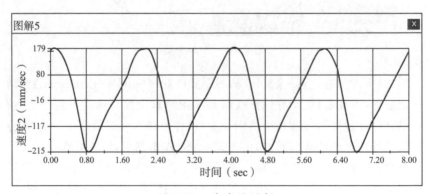

图 5-81　速度的图解

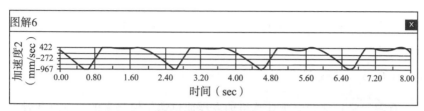

图 5-82 加速度的图解

找到一个角度，选择【保存动画】，对动画进行保存，如图 5-83 所示。

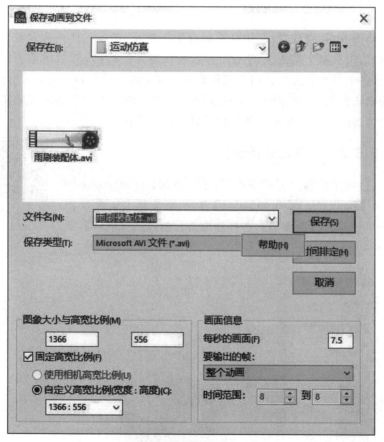

图 5-83 保存动画

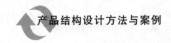

5.6 SolidWorks 有限元分析 Simulation

5.6.1 有限元分析介绍

有限元法是随着电子计算机的发展而迅速发展起来的一种现代计算方法,它是在连续体力学领域飞机结构静、动态特性分析中应用的一种有效的数值分析方法,随后很快广泛应用于求解热传导、电磁场、流体力学等连续性问题。

有限元法简单地说,就是将一个连续的求解域(连续体)离化即分割成彼此用节点(离散点)互相联系的有限个单元,在单元体内假设近似解的模式,用有限个结点上的未知参数表征单元的特性,然后用适当的方法,将各个单元的关系式组合成包含这些未知参数的代数方程,得出个结点的未知参数,再利用插值函数求出近似解。是一种有限的单元离散某连续体然后进行求解的一种数值计算的近似方法。

5.6.2 有限元分析示例

本示例视频 模型下载

(1)创建算例。打开零件"勺子",点击【SolidWorks 插件】→【SolidWorks Simulation】激活相关插件,再点击【Simulasion】→【新算例】,选择静应力分析,点击【确定】,如图 5-84 所示。

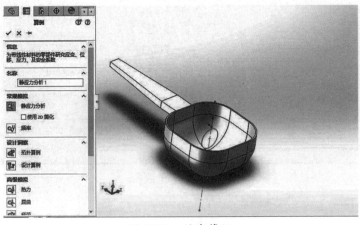

图 5-84 创建算例

（2）为模型赋予材料，点击【Simulation】→【应用材料】→【塑料】→
【pp 共聚物】→【应用】，如图 5-85 所示。

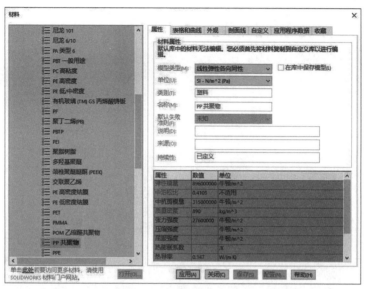

图 5-85　为模型赋予材料

（3）选择夹具，点击【Simulation】→【夹具顾问】→【固定几何体】，选
择勺柄的后端，如图 5-86 所示。

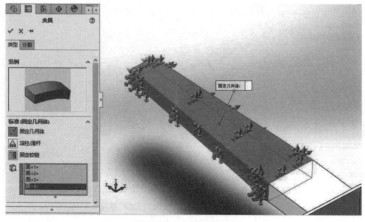

图 5-86　选择夹具

(4)添加载荷,点击【Simulation】→【外部载荷顾问】→【力】,选择勺子底部的面作为受力面,如图 5-87 所示。选择力的方向,选择【选定的方向】,点击勺子底部中间的面做参考面,力的方向选择垂直于参考面,力的大小为 0.3N,如图 5-88 所示。

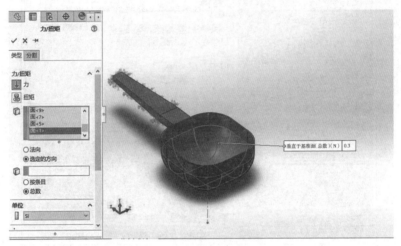

图 5-87　选择受力面

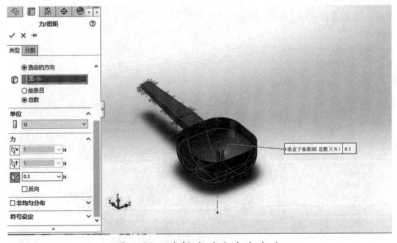

图 5-88　选择力的方向和大小

（5）查看结果。点击【Simulation】→【运行此算例】。结果出现后我们可以分别查看应力、位移、应变的分布情况，如图 5-89、图 5-90、图 5-91 所示。我们发现在勺柄和勺子的连接处的应力和应变达到最大时，在勺子的顶端位移达到最大。最后点击【Simulation】→【报表】生成报告。

图 5-89　应力的分布情况

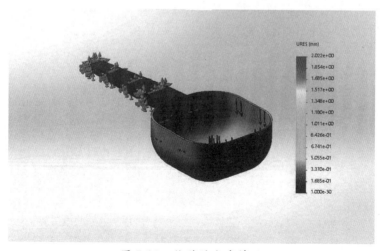

图 5-90　位移的分布情况

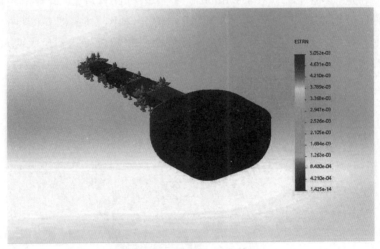

图 5-91　应变的分布情况

参 考 文 献

[1] 刘振,闵光培.产品结构设计及应用实例[M].北京:中国电力出版社,2016.

[2] 刘宝顺.产品结构设计[M].北京:中国建筑工业出版社,2005.

[3] 王丽霞,李杨青.产品外观结构设计与实践[M].杭州:浙江大学出版社,2015.

[4] 缪元吉,张子然,张一.产品结构设计——解构活动型产品[M].北京:中国轻工业出版社,2015.

[5] 王展.计算机辅助产品造型与结构设计[M].北京:电子工业出版社,2019.